山东省地表水
水质自动监测系统
建管用研究

邱晓国　张涛　张同星　著

人民东方出版传媒
東方出版社

图书在版编目（CIP）数据

山东省地表水水质自动监测系统建管用研究 / 邱晓国，张涛，张同星著. —北京：东方出版社，2021.9

ISBN 978-7-5207-2356-5

Ⅰ.①山… Ⅱ.①邱… ②张 ③张… Ⅲ.地面水－水质监测系统－自动化监测系统－研究－山东 Ⅳ.①X832

中国版本图书馆CIP数据核字（2021）第169404号

山东省地表水水质自动监测系统建管用研究

（SHANDONGSHENG DIBIAOSHUI SHUIZHI ZIDONG JIANCE XITONG JIANGUANYONG YANJIU）

作　　者： 邱晓国　张　涛　张同星
责任编辑： 张洪雪
出　　版： 東方出版社
发　　行： 人民东方出版传媒有限公司
地　　址： 北京市西城区北三环中路6号
邮政编码： 100028
印　　刷： 北京建宏印刷有限公司
版　　次： 2021年9月第1版
印　　次： 2021年9月北京第1次印刷
开　　本： 710毫米×1000毫米　1/16
印　　张： 18.5
字　　数： 292千字
书　　号： ISBN 978-7-5207-2356-5
定　　价： 69.80元
发行电话：（010）85924663　85924644　85924641

前　言

环境自动监测具有自动、连续、及时、全天候等特点，是环境监测发展的方向，已经成为环境监测的重要手段。为构建环境安全预警监控系统，山东省根据原环保部和省委、省政府的部署，按照“人机结合、以机为主、强化预警”的监测工作思路，于2008年4月1日在全国率先建成了“三级五大”环境自动监测系统（“三级”指省、市、县三级，“五大”指全省重点企业、城镇污水处理厂、城市环境空气、主要河流断面和饮用水水源地），其中在59个省控主要河流断面、24个城市集中式饮用水水源地建设了水质自动监测站（简称“水站”），实现了对全省主要地表水环境的24小时监控，实时监测水质状况和动态变化规律。之后，山东省持续加强地表水环境自动监测系统建设，不断提升地表水环境监测网络的自动化、智能化水平，推动环境监测信息集成共享。截至目前，省级共建成地表水水站457个，基本覆盖全省所有跨界断面、主要河流入海入湖口、省级水功能区和城市主要饮用水水源地，全力支撑全省地表水环境质量预警、考核和评估等环境管理需求，满足公众环境知情权和监督权。

在高标准规范化开展水站建设基础上，山东省积极开展环境监测体制机制改革，对地表水水站实行“上收一级”管理和社会化运营，变“考核谁、谁监测”为“谁考核、谁监测”，切实提高了自动监测系统运营维护专业化水平，最大限度地避免了可能的地方行政干预，全面提升了监测数据质量和社会公信力。同时，山东省坚定不移地依靠自动监测数据进行环境管理和环境决策，自动监测数据被广泛应用于超标应急、形势分析、定期通报、以奖代补、信息公开等多个方面，为全省水环境监管和水污染防治提供有力技术支撑，促进了全省水环境质量的持续改善。

本书针对地表水自动监测系统特点，结合国家要求和地方多年水站建设及运行管理实践，从地表水自动监测系统建设、安装、联网、验收、运行管理、数据应用等方面，全面梳理总结山东省地表水水质自动监测系统“建管用”的经验做法，分析存在的问题和不足，以期推动新时代全省地表水水质自动监测工作再上新台阶，也为其他地区地表水水质自动监测工作提供参考。

由于时间仓促，加之水平有限，书中难免会有不足之处，甚至有失偏颇。恳请读者批评指正。

目　录

第一章　概述

第一节　地表水水质自动监测系统介绍

水质自动监测系统是一套以在线分析仪器为核心，运用物理、化学、生物学、现代传感技术、自动测量技术、计算机应用技术以及相关专业分析软件和通信网络所组成的一个综合性系统。

地表水水质自动监测系统是对地表水样品进行自动采集、处理、分析及数据传输的系统，由地表水水质自动监测站和地表水水质自动监测数据平台构成，其中地表水水质自动监测站是指完成地表水水质自动监测的现场部分，一般由站房、采配水、控制、检测、数据传输等全部或者数个单元组成，简称水站；地表水水质自动监测数据平台是对水站进行远程监控、数据传输统计与应用的系统，简称数据平台。

地表水水质自动监测系统一般监测常规五参数（水温、pH、溶解氧、电导率和浊度）、高锰酸盐指数、氨氮、总氮、总磷等指标，可根据需要增加其他监测指标；监测频次一般为每 4 小时监测一次，根据需要可以调整至每 1 小时监测一次。

第二节　地表水水质自动监测系统建设的必要性

一、地表水水质自动监测系统建设是准确反映地表水环境质量的必然要求

当前，地表水环境质量日益受到各级政府和社会公众的重视，水环境质量状况已成为考核地方政府履责情况的一项重要指标。现阶段我国地表水环境质量监测采取每月手工采样一次，然后送实验室分析，一次监测结果代表全月水质状况的方式。这种方式存在样品采集的偶然性较大、监测频次不高、数据代表性不足等问题，无法准确全面地反映地表水环境质量状况。

地表水水质自动监测系统由计算机控制的仪器设备取代人工操作，对地表水进行实时连续监测。与手工监测相比，自动监测具有自动、及时、全天候等优势，通过对其海量的、连续的地表水自动监测数据进行统计分析，更能准确反映地表水环境质量状况和变化趋势，有效评价水污染治理成效，进一步提升水环境管理水平。

二、地表水水质自动监测系统建设是及时预警潜在环境风险的迫切需要

改革开放以来，伴随着几十年经济的快速发展，我国已进入环境风险的高发期，迫切需要建立完善环境质量预报预警与应急监测体系。目前，我国已建成亚洲最大的环境空气质量自动监测网，实时发布空气质量信息。在此基础上，全面开展了空气质量预报预警工作并实现业务化运行，京津冀及周边地区污染天气过程预报准确率接近100%，区域内城市级污染程度预报准确

率在 80% 以上，为公众提供了及时准确的健康指引和出行参考，为重污染过程研判、防控及应急应对提供了关键的技术支持。

相对于环境空气，地表水环境质量的预警预测工作相对滞后，地表水环境质量预警预测体系建设迫在眉睫。而开展地表水环境质量预警预测体系建设的首要基础，就是建立全国水质自动监测网络系统，实现对全国水环境质量的网络化实时监测。在地表水实现自动监测基础上，通过开发计算机预警预测模型，准确掌握地表水污染扩散及趋势变化特点，对水环境质量变化及时做出预测，为水环境风险防范提供重要保障。

三、地表水水质自动监测系统建设是进一步提高监测数据质量的重要举措

党中央、国务院明确要求，要深化环境监测改革，创新管理制度，强化监管能力，切实保障环境监测数据质量。常规的地表水手工监测，要经过采样、保存、运输、分析、数据报送等一系列过程，在高强度的劳动下，监测人员很容易疲劳，同时过多的人工操作环节也使人为干预很难避免。而水质自动监测系统以在线分析仪器为核心，综合采用现代化的传感器、自动测量、自动控制、计算机应用以及网络通信等技术，实现从水样的采集、预处理、测量到数据处理和存储的全面信息化、自动化，可大大解放生产力，有效避免人为干预，确保监测数据质量。

第三节　山东省地表水水质自动监测系统发展历程

2007 年，山东省按照“统一监测指标、统一监测设备调试和校正标准、统一自动监测数据传输方式、统一自动监测数据确认”的“四统一”原则，在全省主要河流跨市界断面建设了 59 个水质自动监测站，全天候实时监测水

质状况和动态变化规律。监测项目包括常规五参数（水温、pH、溶解氧、电导率、浊度）、高锰酸盐指数（或化学需氧量）、氨氮等指标。水站建设资金全部由省级承担，由省级负责仪器设备采购、市级负责站房建设，建成后由省级统一运行维护。

2009年，根据省政府要求，山东省开展了17个设区市主要饮用水水源地水站建设，全省共建设24个饮用水水源地水站，监测常规五参数、高锰酸盐指数、氨氮、叶绿素等指标。水站建设资金由省、市两级共同承担，由省级负责仪器设备采购、市级负责站房建设。运行维护工作由各市负责，省级予以资金补助。

2013年，为发挥水源地水站预警能力，保障饮用水安全，山东省开展了生物毒性自动监测试点工作，由省级出资，招标采购了4套生物毒性分析仪，安装部署在济南、潍坊、临沂、日照4个饮用水水源地水站。

2014年，为实时监控入海河流水质，山东省在沿海7市建设了13个浮标式水质自动监测站，监测项目为常规五参数、高锰酸盐指数和氨氮。水站建设资金由省级承担，由省级负责制定统一技术指标，各市负责具体招标采购、安装调试、联网、验收和运行维护。

2018年，为进一步完善全省地表水环境质量自动监测网络，提高监测网络自动化、智能化水平，实现监测信息集成共享，满足全省水环境质量考核、评估等环境管理要求，山东省在全省主要河流、湖库新建了18个水站，对58个已建水站进行设备更新、填平补齐和功能升级。水站建设资金由中央水污染防治专项资金和省级资金构成，由省级负责系统及仪器设备等采购、安装，由各市负责站房建设，建设完成后由生态环境部上收并统一委托第三方运行维护。

2019年，为扎实推进全省水污染防治工作，切实将国家和省委、省政府要求层层传导到基层，山东省重点开展了省控断面跨市界和跨县界水站建设，新建4个水站，对27个已建水站进行更新改造和填平补齐。水站建设资金全部由省级承担，并由省级负责建设。

2021年，为健全完善全省地表水环境质量自动监测网络，提高水环境质量监测自动化和智能化水平，实现南四湖流域、跨省（市、县）界、入海河流水质自动监测全覆盖，明晰跨地域水质保障责任，满足全省水环境考核、预警、应急等环境管理要求，促进全省水环境质量持续改善，山东省按照“应建尽建、全面覆盖”的原则，全面开展水站建设，已于2021年8月底前完成。全省共新建水站122个，其中，南四湖入湖口32个，跨省界断面12个，跨县界断面74个，入海河流断面4个。对于已建（在建）的178个市、县级水站，通过增加设备和技术升级“填平补齐”。新建水站采用BOO模式（建设—拥有—经营），水站类型为简易式水站或浮船式水站，监测指标包括常规五参数、高锰酸盐指数、氨氮、总磷、总氮等9项，省、市（县）按照1∶1比例投资，由各市组织中标单位建设，省级组织验收，经验收合格后统一接入省级数据平台。已建（在建）市、县级水站由各市负责水站的“填平补齐”，经验收合格后接入省平台，“填平补齐”费用由各市（县）承担，运行维护费由省、市（县）按照1∶1比例承担。

第二章　山东省地表水水质自动监测系统建设基本要求

2007年，在充分调研的基础上，原山东省环境保护局、山东省财政厅联合印发《山东省环境自动监测系统建设运营管理意见》，按照“四统一、两分级”的原则，高标准、规范化开展全省地表水水质自动监测系统建设。“四统一”，即统一监测指标、统一监测设备调试和校正标准、统一监测数据传输方式和统一监测数据确认，确保数据的准确性、可比性、共识性。“两分级”，即实行分级建设、分级管理。经过多年的探索研究，结合国家要求，山东省总结归纳了站址选择、站房建设、水站各单元和数据平台的建设等相关技术要求。

第一节　站址选择

一、站址选择原则

（一）站址选择基本原则

1. 基本条件的可行性：具备土地、交通、通信、电力、清洁水及地质等良好的基础条件。

2. 水质的代表性：根据监测的目的和断面的功能，具有较好的水质代表性。

3. 站点的长期性：不受城市、农村、水利等建设的影响，具有比较稳定的水深和河流宽度，能够保证系统长期运行。

4. 系统的安全性：水站周围环境条件安全、可靠。

5. 运行维护的经济性：便于日常运行维护和管理。

（二）主要河流水站站址选择原则

1. 重点考虑环境敏感区域，能够基本反映各行政辖区水环境质量状况，实现下游监督上游，符合环境管理的要求。

2. 点位可作为对该城市政绩考核的依据，同时能够满足国家对我省重点流域考核的要求。

3. 保证每个城市至少有一进一出两个考核监测点位，跨界河流较多的城市根据实际情况增加，小清河、南四湖等重点流域适当增加考核监测点位。

4. 所选点位的设置应符合国家环境监测技术规范中有关水环境监测点位布设的原则和要求。

5. 入海口断面的选择必须避开海水盐度影响的范围，以保证水质自动监测仪器的正常运行。

（三）城市饮用水水源地水站站址选择原则

1. 优先考虑地表水饮用水水源地，地下水饮用水水源地重点考虑环境敏感区域和经常有污染物检出的水源地。

2. 济南、青岛等大型城市保证监控到全市总供水量的 80% 以上，其他城市重点监控覆盖人口多、供水量大的水源地，基本保证监控到全市总供水量的 50% 以上。

二、站址选择具体要求

（一）建站基础条件

为确保系统长期稳定运行，选择的建站位置必须满足以下基础条件：

1. 交通

必须具备良好的交通条件，交通方便，到达水站的时间一般不超过 4 小时。

2. 通信

点位附近必须具备良好的通信条件，能够采用有线或无线的方式进行数据传输和远程监控，且通信线路或无线网络质量符合数据传输要求。水站网络通信建设一般以光纤 /ADSL 有线网络为主，确实无法满足的，可选用无线网络进行传输，带宽不低于 20 兆。

3. 电力

点位处应具备可靠的电力保证且电压稳定，满足自动监测仪器设备及配套设施正常工作需要。一般供应电压应满足 380 伏特，设备电压应满足 220 伏特 ±10%，容量不低于 15000 瓦。

4. 供水

水质自动监测系统需要冷却水和管道清洗水，要求点位附近具有自来水或可建自备井水源，水质符合生活用水要求，否则必须保证有其他方式供应合格水。

5. 土建

所选点位必须具备站房建设的土建基础条件，原则上不允许建在河堤内的河滩上，站房建设必须不受 50 年一遇洪水水位的影响。

6. 水文

断面应常年有水，河道摆幅应小于 30 米，采水点水深不小于 1 米，保证能采集到水样，采水点最大流速一般应低于 3 米 / 秒，有利于采水设施的建设和运行维护，保证安全。

（二）采水点选址条件

为尽可能采集到代表性的样品，真实反映水质状况和变化趋势，同时保证采水设施安全和维护便利，采水点选址应该满足以下条件：

1. 采水点尽可能选择手工监测断面处，以保证监测数据的连续性。现场确不具备建站条件需另外选址的，须满足以下要求。

（1）水站采水点与手工监测断面之间无支流、排污口汇入。

（2）水站采水点和手工监测断面无水质类别差异，保证断面属性、主要污染物不变。

（3）水站采水点与手工监测断面水质的相对偏差（高锰酸盐指数、氨氮、总磷、总氮等）小于等于 15%。

2. 在不影响航道运行的前提下，采水点尽量靠近主航道。

3. 采水点位置一般应设在冲刷岸，不能设在河流（湖库）的漫滩处，避开湍流和容易造成淤积的部位，丰、枯水期离河岸距离原则上不得小于10米。

4. 采水点必须具有代表性，能反映该断面的平均水质状况。在采水点处不应有岸边污染带存在，在河流采水点上游 1 千米范围内，在湖库采水点两侧 1 千米范围内不应有较大的排污口。采水点处应有良好的水力交换，不能设在死水区、缓流区、回流区。

5. 采水点距站房距离一般不超过 300 米，枯水期时不超过 350 米，且有利于铺设管线及保温设施。

6. 采水点最低水面与站房的高度差不超过采水泵的最大扬程。

7. 采水点取水口设在水下 0.5~1 米范围内，但应防止底质淤泥对采水水质的影响。

（三）选址论证

水站选址须经过详细的现场勘察和论证，论证材料包括以下内容。

1. 基础信息表（见表 2–1），包括基础条件（“四通一平”等）、水系水文情况、采水点情况等。

表 2-1　拟建站点基础信息表

<table>
<tr><th colspan="2">项目</th><th>说明</th></tr>
<tr><td rowspan="3">拟建点位位置</td><td rowspan="2">点位位置</td><td>市　　　区（县）　　　乡　　　村</td></tr>
<tr><td>东经：　　　北纬：</td></tr>
<tr><td>点位说明
（照片另附页）</td><td>点位周围环境、点位上下游污染源分布、离点位最近的一级支流（或排污口）汇入后距点位的距离等。</td></tr>
<tr><td rowspan="9">水文情况</td><td rowspan="3">河流流量（m^3/s）、流速（m/s）</td><td>平均流量：　　　流速：</td></tr>
<tr><td>最大流量：　　　流速：</td></tr>
<tr><td>最小流量：　　　流速：</td></tr>
<tr><td rowspan="4">水位（m）</td><td>平均水位：</td></tr>
<tr><td>最高水位：</td></tr>
<tr><td>最低水位：</td></tr>
<tr><td>50 年一遇水位</td></tr>
<tr><td>断面河床宽度（m）</td><td></td></tr>
<tr><td>断流情况</td><td></td></tr>
<tr><td rowspan="2">气候</td><td>气温</td><td>年平均气温：　　年最低气温：　　年最高气温：</td></tr>
<tr><td>冻土层（cm）</td><td>冻土层最大深度：</td></tr>
<tr><td rowspan="6">水质情况</td><td>高锰酸盐指数</td><td>平均：　　　范围：　　　时间：</td></tr>
<tr><td>氨氮</td><td>平均：　　　范围：　　　时间：</td></tr>
<tr><td>总氮</td><td>平均：　　　范围：　　　时间：</td></tr>
<tr><td>总磷</td><td>平均：　　　范围：　　　时间：</td></tr>
<tr><td>电导率（入海口）</td><td>平均：　　　范围：　　　时间：</td></tr>
<tr><td>……</td><td>平均：　　　范围：　　　时间：</td></tr>
</table>

续表

项目			说明
建站基础条件	站房式	交通情况	
		站房安全性	
		通信情况	
		电力情况	
		供水情况	
		土建基础	
	浮标式	浮体安全性	
		航运等部门是否同意	
采水点情况	代表性		
	取水处水深（m）		平均水深：　最低水深：　最高水深：
	距站房距离（m）		水平距离：　垂直距离：
	坡度		
	采水方式（示意图另附页）		

2. 站房和采水点周围污染源信息（应单独形成一个文本），包括污染源（点源和面源）的主要污染指标与排放量等必要信息，并附地图标注污染源和拟建水站采水点的位置与距离。

3. 拟建水站站点图集（应单独形成一个文本），包括拟建水站站点及周边八方位图，采水点位置及河流上下游的照片。

4. 拟建水站采水点与手工监测断面水质比对报告（见表 2–2）。比对指标至少包括 pH、溶解氧、氨氮、高锰酸盐指数、总氮和总磷（湖库增加叶绿素 a）；比对监测频率不低于每天 1 次，至少连续 5 天；各指标应选用《国家地表水环境质量监测网监测任务作业指导书（试行）》规定的方法进行分析。

表 2-2　拟建水站采水点与手工监测断面水质比对报告

断面名称									断面编码							
手工监测断面经纬度					经度：						纬度：					
水站采水点经纬度					经度：						纬度：					
比对结论：																
比对监测结果（单位：mg/L）																
次数	手工监测断面								水站采水点							
	pH	溶解氧	高锰酸盐指数	氨氮	总磷	总氮	叶绿素a	水质类别	pH	溶解氧	高锰酸盐指数	氨氮	总磷	总氮	叶绿素a	水质类别
1																
2																
3																
4																
5																
平均值																
测定日期	测定开始日期：								测定结束日期：							

第二节　站房建设

水站站房不仅要满足水质自动监测的需求，同时应具有开展研究和宣传教育的功能。固定式站房仪器室面积不小于 60 平方米，其中用于安装仪器的单面连续墙面净长度不小于 10 米，质控室不小于 30 平方米，值守人员生活间不小于20平方米，分单层或双层建设；简易式站房面积原则上不得小于40平方米，质控室和监测仪器室可合并建设；小型式站房面积不得小于2平方米。站房面积除满足常规五参数、高锰酸盐指数、氨氮、总磷、总氮9项参数仪器及其配套设备摆放外，还要考虑未来监测项目扩展，适当留有增配仪器的空间。

一、站房类型选择原则

水站站房建设必须满足建设要求，针对地方实际情况可因地制宜选择适宜的站房类型，具体要求如下。

（一）原则上优先选择固定式站房。

（二）水站站址能满足站房建设面积要求的，优先考虑采用单层站房结构。

（三）水站站址存在洪涝隐患的情况下，优先考虑双层站房结构，监测仪器室可根据站点实际情况布置在一楼或者二楼。

（四）水站站址受建设条件（地基、规划、河道）影响，考虑采用简易式站房结构。

（五）水站站址受建设条件（景区、城区、管制区）制约，考虑采用小型式站房结构。

（六）水站站址根据建设要求需选定在河、湖中且水深在10米以内的，考虑采用水上固定平台站。

（七）水站站址无法满足供电要求，可考虑采用水上浮标站或水上浮船站。

二、站房基本技术要求

站房需保证水站系统长期、稳定运行，包括用于承载系统仪器、设备的主体建筑物和外部配套设施两部分。主体建筑物由仪器室、质控室和值班室

（在满足功能需求的前提下，可根据站房实际条件对各室进行调整合并）组成。外部配套设施是指引入清洁水、通电、通信和通路，以及周边土地的平整、绿化等。

（一）站房供电要求

1. 供电负荷等级和供电要求应按现行国家标准《供配电系统设计规范》（GB 50052—2009）的规定执行。

2. 水站供电电源使用 380 伏特交流电、三相四线制、频率 50 赫兹，电源容量要按照站房全部用电设备实际用量的 1.5 倍计算。

3. 电源线引入方式符合国家相关标准，穿墙时采用穿墙管。施工参考《建筑电气工程施工质量验收规范》（GB 50303—2015）。

4. 在监测仪器室内为水质自动监测系统配置专用动力配电箱。在总配电箱处进行重复接地，确保零、地线分开，其间相位差为零，并在此安装电源防雷设备。

5. 根据仪器、设备的用电情况，在 380 伏特供电条件下总配电采取分相供电：一相用于照明、空调及其他生活用电（220 伏特），一相供专用稳压电源为仪器系统用电（220 伏特），另外一相为水泵供电（220 伏特）。同时在站房配电箱内保留一到两个三相（380 伏特）和单相（220 伏特）电源接线端备用。

6. 系统应配备 UPS 和三相稳压电源，功率应保证突然断电后各自动分析仪能继续完成本次测量周期。

7. 电源动力线和通信线、信号线相互屏蔽，以免产生电磁干扰。

（二）站房给排水要求

1. 给水系统

站房应根据仪器、设备、生活等对水质、水压和水量的要求分别设置给水系统。

站房内引入自来水（或井水），必要时加设高位水箱。自来水的水量瞬时最大流量 3 立方米 / 小时，压力不小于 0.5 千克 / 平方厘米，保证每次清洗用量不小于 1 立方米。

2. 排水系统

站房的总排水必须排入水站采水点的下游，排水点与采水点间的距离应大于 20 米。各类试剂废水按照危险废物管理要求，单独收集、存放和储运，并统一处置。

站房内的采样回水汇入排水总管道，并经外排水管道排入相应排水点，排水总管径不小于 DN150，以保证排水畅通，并注意配备防冻措施。排水管出水口高于河水最高洪水水位的，设在采水点下游。站房生活污水纳入城市污水管网送污水处理厂处理，或经污水处理设施处理达标后排放，排放点应设在采水点下游。

（三）站房通信要求

固定站房网络通信建设应以光纤 /ADSL 有线网络传输为主，现场条件不具备的情况下，可选用无线网络进行传输，站点现场应通过手机等通信设备进行通话测试，通信方式应选择至少两家通信运营商，无线传输网络（固定 IP 优先）应满足数据传输要求及视频远程查看要求，传输带宽不小于 20 兆。

水上固定平台通信在没有运营商网络覆盖的情况下，可采用微波中继等辅助传输方式。

（四）站房防雷要求

站房防雷系统应符合现行国家标准《建筑物防雷设计规范》（GB 50057—2010）的规定，并应由具有相关资质的单位进行设计、施工以及验收。

水站内集中了多种电气系统，需预防雷电入侵的主要有三种途径，包括电源系统、通道和信号系统、接地系统。

具体要求如下：

1. 对于直击雷的防护

采用避雷针是最首要、最基本的措施，完整的防雷装置应包括接闪器、引下线和接地装置。

2. 电源系统、通信系统的防护

在总电源处加装避雷箱，内装多级集成避雷器。避雷器本身具有三级保护，串接在电源回路中可靠地将电涌电流泄入大地，保护设备安全。

如不用避雷箱，按照分区防护的原则，一般选并联的避雷器，选用通流容量比较大的，作为第一级防护。在总电源进线开关下口加装电源电涌保护器作为电源的一级保护，在稳压器后加装多级集成式电涌保护器。

通信系统防护：对于卫星通信系统，应在馈线电缆进入站房时安装同轴馈线保护器；对于电话线系统，应采用电话线路防雷保护器。利用铜质线缆的数据信号专线，在设备的接口处应加装信号专线电涌保护器，该保护器应是内多级保护，要依据被保护设备传输的信号电压、信号电流、传输速率、线路等效阻抗及衰耗要求，同时考虑机械接口等配置电涌保护器。

地表水自动监测站站内管线选用金属管道、金属槽道或有屏蔽功能的PVC塑料管，并且将两端与保护地线相连。

3. 接地系统

站房内电源保护接地与建筑物防雷保护接地之间要加装等电位均衡器，正常情况下回路内各用自己的保护接地，当某点出现雷击高电压时，两地之间保持等电位。站房内设置等电位公共接地环网，使需要有保护接地的各类设备和线路，做到就近接地。

（五）站房安全防护要求

1. 站房耐火等级应符合现行国家标准《建筑设计防火规范》（GB 50016—2014）的规定。

2. 站房与其他建筑物合建时，应单独设置防火区、隔离区。

3. 站房应设火灾自动报警及自动灭火装置；火灾自动报警系统的设计应符合现行国家标准《火灾自动报警系统设计规范》(GB 50116—2013) 的规定；配置的自动灭火装置，需有国家强制性产品认证证书。自动灭火装置触发可靠，灭火时间短，灭火干粉对人和仪器无损害，美观实用，与站房和仪器系统整体协调。

4. 站房内应至少配置感烟探测器；为防止感烟式探测器误报，宜采用感烟、感温两种探测器组合。

5. 站房内使用的材料需为耐火材料。

6. 站房应设置防盗措施，门窗加装防盗网和红外报警系统，大门设置门禁装置。

7. 抗震：场地地震基本烈度为 7 度，抗震按 7 度设防，设计基本地震加速为 0.10 克，设计特征周期为 0.35 秒，设计地震分组第一组，建筑物场地土壤类别为Ⅱ类。

（六）站房暖通要求

站房结构需采取必要的保温措施，站房内有空调和冬季采暖设备，室内温度应当保持在 18~28℃，湿度在 60% 以内，空调为立柜式冷暖两用，功率不低于 1.5 匹，适用面积不低于 30 平方米，具备来电自动复位功能，并根据温度要求自动运行。

（七）站房装修要求

1. 仪器室要求

（1）仪器室内地面应铺设防水、防滑地面砖，离地 1.5 米高度以下铺设墙面砖，并在室内所需位置设置地漏，仪器摆放顺序从远离配电系统可分别为五参数 / 预处理单元、氨氮、高锰酸盐指数、总磷总氮、其他特征污染物仪器及主控制柜。

（2）监测系统采水和排水：仪器室内预留 30 厘米深地沟，地沟上面加盖板（需便于取放），地沟的地漏和站房排水系统相连。

（3）电缆和插座：配电箱中预留一根 ϕ50 聚氯乙烯线管到地沟中，四周墙上预留五孔插座，墙上的五孔插座高于地面不少于 0.5 米。预留空调插座，空调插座距吊顶或顶部 0.5 米。配电箱预留五芯供电线路至自动监测系统控制柜位置。

（4）排风扇：仪器室应安装排风扇，若有吊顶，则可做在吊顶上，电源线引至配电箱中。

（5）站房吊顶：根据站房建设情况可安装吊顶，站房内空高度应在 2.7 米以上。

2. 质控室要求

质控室内应至少配有防酸碱化学实验台 1 套（1.5~2 米）和 4 个实验凳，台上可以放置实验室对比仪器，配备冷藏柜以便于试剂存放。备有上下水、洗涤台。

（1）实验台：主架采用 40 毫米 ×60 毫米 ×1.8 毫米优质方钢，表面经酸洗、磷化、均匀灰白环氧喷涂，化学防锈处理，台面选用复合贴面板台面（1 毫米厚酚醛树脂化学实验用专用板）、实心板台面（12.7 毫米厚酚醛树脂板化学实验用专用板）或环氧树脂台面（20 毫米厚），具备耐强酸碱腐蚀、耐磨性、耐冲击性、耐污染性要求，底座可调节。

（2）洗涤台：主架与台面应与实验台保持一致，洗涤槽采用 PP 材料，水龙头采用两联或三联化验水龙头，底座可调节。

（3）上水：水管采用 PP–R 材质，热熔连接，不渗漏。

（4）下水：实验区排水全部采用防腐蚀耐酸碱材质（PP），达到排水不渗漏不腐蚀。

（5）插座：实验台处预留至少 2 个五孔插座，实验台处五孔插座及灯开关高于地板 1.3 米。

（6）冷藏柜：应配备冷藏容量不小于 120 升的冰柜一台。

3. 值班室要求

值班室主要用于站房看护人员使用，一般不小于 30 平方米。值班室应配备一台空调（变频冷暖 1 匹）、值班用办公桌一张、椅子两把。考虑到工作人员在水站工作的方便，建议修建卫生间（厕所）。其他设施可根据需要考虑。

（八）视频监控单元技术要求

视频监控单元由前端系统、传输网络和监控平台三部分组成，可远程监视水质自动监测站内设备（采水单元、自动监测分析仪器、供电系统、数据采集及传输系统等）的整体运行情况，观察取水工程（取样水泵、浮台等）工作状况，水站周边的水位、流量等水文情况，同时也可观察水站院落、站房、供电线路等周边环境。其中，前端系统主要对监控区域现场视音频、环境信息、报警信息等进行采集、编码、储存及上传，并通过客户端平台预置的规则进行自动化联动；传输网络主要用于前端与平台、平台之间的通信，确保前端系统的视音频、环境信息、报警信息可实时稳定上传至监控中心；监控平台主要用于对监控设备的控制和满足用户查看环境信息、视音频资料。

1. 视频监控单元功能要求

（1）实时监控功能：可实现 24 小时不间断监控，实时获取监控区域内清晰的监控图像。

（2）云台操作功能：可实现全方位、多视角、无盲区、全天候式监控。

（3）录像存储功能：支持前端存储和中心存储两种模式，既可通过前端的视音信号接入视频处理单元存储数据，满足前端存储的需要，供事后调查取证；也可通过部署存储服务器和存储设备，满足大容量多通道并发的中心存储需要。

（4）语音监听功能。

（5）远程维护功能：可通过平台软件对前端设备进行校时、重启、修正参数、软件升级、远程维护等操作。

2. 前端视频监控设备布设要求

（1）站房外取水口：安装在靠近取水口岸边，并考虑 50 年一遇的防洪要求，用于监控取水口及站房周边情况。监控设备可水平 360°旋转，竖直 –5° ~185°旋转。

（2）站房进门处：安装在站房大门附近墙壁上，用以监控人员进出站房情况。监控设备应配置枪机，固定监控视角。

（3）站房仪表间：安装在集成机柜正面墙壁上，用于监控仪表间内部设备运行情况。监控设备可水平 360°旋转，竖直 –5° ~185°旋转。

3. 前端视频监控设备技术要求

（1）网络红外球形摄像机：球机带云台，可水平 360°旋转，竖直 –5° ~185°旋转；带红外，支持夜间查看。

（2）高清网络录像机：应选用可接驳符合 ONVIF、PSLA、RTSP 标准及众多主流厂商的网络摄像机；支持不低于 200 万像素高清网络视频的预览、存储和回放；支持 IPC 集中管理，包括 IPC 参数配置、信息的导入 / 导出、语音对讲和升级等；支持智能搜索、回放及备份。

三、固定式站房

（一）基本要求

站房建设原则上优先采用固定式永久性站房设计，以保证水站的长期稳定运行；站房包括用于承载系统仪器、设备的主体建筑物和外部配套设施两部分。主体建筑物由仪器室、质控室和值班室组成。外部配套设施是指引入清洁水、通电、通信和通路，以及周边土地的平整、绿化等。

（二）站房结构技术要求

1. 站房结构应为混凝土框架结构，站房主体结构应具有耐久、抗震、防火、防止不均匀沉陷等性能。

2. 站房地面：采用独立基础，基础持力层为老土层，要求地基承载力特征值为 180 千帕，地面粗糙度为 B 类。

3. 站房式样：站房外形的设计因地制宜，外观美观大方，结构经济实用，在风景区应和周边景物协调一致。

4. 站房高度：根据当地水位变化情况而定，站房地面标高能够抵御 50 年一遇的洪水，站房内净空高度不小于 2.7 米。

5. 抗风等级：原则上应满足 12 级台风要求，根据当地气象条件可适当调整。

6. 站房周围可建围墙、护栏或护网。

7. 站房基础：站房周围应使用混凝土或其他材料对地面进行硬化。

8. 站房外地面要求平整，周围应干净整洁，有利于排水，并有适当绿化，应有防鼠、防虫措施。

9. 道路：通往水站应有硬化道路，路宽不小于 3.0 米，且与干线公路相通。站房前有适量空地，保证车辆的停放和物资的运输。

10. 门窗：合理布置 80 系列中空推拉塑钢窗，要求表面洁净，密封胶表面平整光滑，厚度均匀，窗内侧加纱窗，外侧加不锈钢防盗网，并保证牢固，仪器室靠近摆放仪器一侧墙面严禁布置窗户。采用成品防盗门，画线，立门框，安装门扇附件，必须符合设计要求，保证牢固。

11. 环保要求：在设计、施工上加强环保节能意识，使其对环境的不利影响降到最低。

四、简易式站房

（一）基本要求

简易式站房可将监测仪器室和质控室合并建设，包括用于承载系统仪器、设备的主体建筑物和外部配套设施两部分。主体建筑物满足自动监测系统运行所需要求。外部配套设施是指引入清洁水、通电、通信和通路，以及周边土地的平整、绿化等。

（二）站房结构技术要求

1. 站房主体符合现行国家标准《门式刚架轻型房屋钢结构技术规范》（GB 51022—2015），实际尺寸不低于 40 平方米，可抗 7 级以下地震。

2. 钢架、吊车梁和焊接的檩条、墙梁等构件宜采用 Q235B 或 Q345A 及以上等级的钢材。非焊接的檩条和墙梁等构件可采用 Q235A 钢材。如地方有相关规定或特殊要求，门式刚架、檩条和墙梁可采用其他牌号的钢材制作。

3. 用于围护系统的屋面及墙面板材应采用符合现行国家标准《连续热镀锌和锌合金镀层钢板及钢带》（GB/T 2518—2019）和《彩色涂层钢板及钢带》（GB/T 12754—2019）规定的钢板，采用的压型钢板应符合现行国家标准《建筑用压型钢板》（GB/T 12755—2008）的规定。

4. 站房内部进行隔热保温处理，夹层采用防火隔热的岩棉，地板铺设防滑花纹钢板、防滑地砖、防水专用地板胶。

5. 站房设置仪器工作区、质控区，用于自动监测系统的安放以及简易实验台的安装。

6. 站房前端设置可开合的透气百叶窗，站房侧面设置通风换气窗。

7. 站房内应配置 1 米长的工作台，满足日常办公需要。

8. 道路：通往水站应有硬化道路，路宽不小于 3 米，且与干线公路相通。站房前有适量空地，保证车辆停放和物资运输。

9. 现场地基应采用混凝土预先浇筑，厚度不低于 30 厘米。遇软弱地基时做相应的地基处理。

10. 站房外设置防护栅栏，设置门锁和相关警示标志。

五、小型式站房

（一）基本要求

小型式站房属于一体化站房，具有用地面积更小，安装方便等特点。在用地面积不具备固定式站房同时也无法建立 40 平方米的简易式站房时可考虑小型式站房。小型式站房需满足水质自动监测系统所需主体建筑物和外部配套设施要求，外部配套设施是指引入清洁水、通电、通信和通路，以及周边土地的平整、绿化等。

（二）站房结构技术要求

1. 小型式站房由外箱体、内部金工件及附件装配组成。

2. 具有密闭性能、防水防冲击性能，整体防护等级达到 IP54 以上。

3. 具有耐腐蚀性能：外表面喷塑或喷涂专用防锈漆。

4. 内部进行隔热保温处理，夹层采用防火隔热的岩棉。

5. 预留给、排水口，方便监测水样和自来水供给及站房废水排放。

6. 外壳材料采用 2 毫米热浸锌板或者不锈钢板。

7. 表面处理：热浸锌板需脱脂、除锈、防锈磷化（或镀锌）、喷塑。

8. 机柜承重不低于 600 千克。

9. 阻燃：符合现行国家标准《电工电子产品着火危险试验　试验方法　扩散型和预混合型火焰试验方法》（GB/T 5169.7—2001）实验 A 要求。

10. 绝缘电阻：接地装置与箱体金工件之间的绝缘电阻不小于 2×10^4 兆欧/500 伏特（直流电）。

11. 耐电压：接地装置与箱体金工件之间的耐电压不小于 3000 伏特（直流电）/ 分钟。

12. 机械强度：各表面承受垂直压力大于 980 牛顿，门打开后最外端承受垂直压力大于 200 牛顿。

13. 设置前门及后门，前后均可维护，具备防盗功能。

14. 配置集成空调，自动调节内部温度，满足系统及仪表对温度的要求。

15. 现场地基应采用钢筋混凝土预先浇筑，厚度不低于 30 厘米。遇软弱地基时做相应的地基处理。

16. 站房外设置防护栅栏，设置门锁和相关警示标志。

六、水上固定平台站

（一）基础要求

1. 平台面积：根据自动站建设要求，平台使用面积不小于50平方米，根据实际使用需求选择合适的方形或圆形台面。

2. 支撑结构：桩基采用直径大于40厘米的钢筋混凝土预制管桩或浇筑桩，数量不小于9根，通过机械打桩或现场浇筑的形式固定竖立于水中，桩基应深入硬质底层以下至少2米。

3. 平台台面可以采样钢结构材质或者采用混凝土浇筑结构等，台面承重强度要求不低于200千克/平方米。

4. 楼梯：平台需设置上下用的楼梯，最下一级应低于建设位置的历史最低水位。楼梯采用钢结构或混凝土结构，宽度不低于30厘米，长度不低于60厘米，承重强度要求不低于200千克/平方米。

5. 平台和楼梯应设立防护栏杆，高度不低于1.2米，需采用金属材质，直径不小于4厘米。

6. 平台台面下表面应高于汛期最高水位0.5米以上，以防平台被淹没。

7. 水上平台可抗12级台风，使用寿命不小于10年。

（二）安防要求

1. 外围防撞围栏：固定平台的外围一周布设防撞桩，数量不小于12根。防撞桩直径应不小于4厘米，防撞围栏与平台台面的间距应不小于2米。

2. 平台需配备相应的警示标志，以防止非相关人员登陆、靠泊，有行船的水域需配备符合海事规范要求的具有独立太阳能供电的航标灯。

3. 水上固定平台应安装实时视频监控系统，视频监控系统须具有全天候监控、移动物体跟踪和实时视频截图报警功能。

4. 平台采用的钢结构、围栏、防护栏杆等需采用抗紫外老化、抗锈蚀的材质，金属材质表面应采取热镀锌、刷防锈漆等防锈蚀措施。

5. 接地设施、电源浪涌，应符合防雷规范要求。

（三）供电要求

1. 平台供电采用风光互补方式，将风力和太阳能发电产生的电量储存在免维护太阳能胶体蓄电池内。

2. 供电设备包括风力发电机、光伏发电板、充电控制器、胶体免维护蓄电池。

3. 电源容量需大于全部耗电设备实际用量的 1.5 倍以上。

七、水上浮标站

（一）基本要求

1. 浮标站由浮体、支架、防撞及阻浪装置、防雷设备、电子舱等构成，具有防撞、阻浪、防腐蚀、防雷、抗电磁波干扰等功能，预留不少于 10 个监测仪器安装端口。

2. 浮体采用直径不小于 1.4 米的圆柱浮体或 2 米 ×3 米的方形浮台，采用离子聚合胶泡沫材料、聚脲材料、高强度玻璃钢、高分子聚乙烯等组成，耐腐蚀、耐高温、耐强阳光照射、抗冻裂；结构牢固，即使外力强烈撞击穿孔也不会下沉；绝缘性能好，抗吸水性强，不易被水中生物黏附。

3. 整体防护等级不低于 IP 68，抗风能力不小于 13 级，标体平衡，倾斜度不大于 10°。

4. 支架结构：上层支架结构应采用坚固耐用防腐蚀的高规格不锈钢或者优质航空铝等材质，用以安装太阳能板、航标灯、无线传输天线等。下层配重支架应采用船用不锈钢或不锈钢搭配铅块等重物组成。

5. 浮标站电子舱应密封防水，舱内应安装温湿度传感器，用于监测舱内温湿度，具有渗漏及温度异常报警功能。电子舱应便于所有外接设备装卸和维护，可进行板盖密封性检查；电子舱需安装于浮体内，保证电子舱安全工作。

（二）锚定要求

1. 浮体锚定方式可根据现场水深、水文条件选择合适的单锚、八字锚、或双八字锚等锚定方式。

2. 锚系材料应防腐、防磨损，锚链断裂强度应不小于 15 千牛顿，便于浮标的拖曳和维护。

3. 锚可根据底质条件选用合适重量的霍尔锚、三角锚、沉石等。

4. 锚绳或锚链可选用合适粗细的尼龙生丝、铁制锚链、丙纶等材质，锚绳或锚链长度不低于 1.5 倍最大水深。

（三）供电要求

浮标站供电单元由太阳能电池板及免维护蓄电池共同组成，采用太阳能电池配合大容量免维护蓄电池的电源组合方式，单一直流供电。供电系统需根据搭载仪器的数量、功耗及浮体本身安装空间来确定，须保证连续阴雨天气下能维持浮标整体正常持续工作不少于 7 天。

太阳能电池板应采用高性能的单晶硅材质，具备能量转换效率高、耐海水腐蚀、抗风浪、耐碰撞和刮擦、使用寿命长等功能。蓄电池建议采用高性能的铅酸蓄电池。

充电电路应含保护装置，防止在蓄电池充满电时太阳板仍向蓄电池继续充电，减损蓄电池的容量。

（四）安防要求

浮标站安防应包括水上定位和警示设备、舱室漏水报警以及防污和防生物附着材料、防雷设计四部分。

水上定位和警示系统应具备航标警示灯和具备自动移位报警功能的全球定位系统。另可根据浮标投放水域的水面航行情况加配北斗独立定位传感器、

AIS 避撞系统、雷达反射装置等水面航行安全警示设备，定位系统误差应不大于 15 米（95% 概率）。

浮标站应具备舱室漏水报警设备。

浮体应涂有防污、防锈和防生物附着等漆层，以提高浮标整体使用寿命。

浮标站应加装避雷针，避雷针应高于浮标平台上所有的天线支架等设施至少 50 厘米，以避免在开阔水域被雷击而损坏设备。

八、水上浮船站

（一）基本要求

1. 水上浮船站由船体、浮柱、防撞及太阳能组件、防雷设备、试剂保存舱、安防等构成，具有防撞、阻浪、防腐蚀、防雷、抗电磁波干扰等功能。

2. 船体长度不小于 5 米，宽度不小于 4 米，建议使用离子聚合胶泡沫材料、高强度玻璃钢、高分子聚乙烯等材料，具有耐腐蚀、耐高温、耐强阳光照射、抗冻裂；结构牢固，外力强烈撞击穿孔也不会下沉；绝缘性能好，抗吸水性强，不易被水中生物黏附等特点。

3. 船体整体防护等级不低于 IP65。

4. 船体支架结构应采用坚固耐用防腐蚀的高规格不锈钢或者优质航空铝等材质，用以安装太阳能板、航标灯、无线传输天线等。

5. 船体需具有一定的保温和防晒功能。

6. 监测船具备偏移报警功能。

7. 当船舱内温度达到一定温度时，可自动开始风扇散热。

8. 船舱内环境温度低于 45℃，相对湿度低于 90%，尘土浓度低于 40 毫克 / 立方米。

（二）锚定要求

1. 船体锚定方式可根据现场水深、水文条件选择合适的单锚、八字锚或双八字锚等锚定方式。

2. 锚系材料应防腐、防磨损，锚链断裂强度应不小于 15 千牛顿，便于浮标的拖曳和维护。

3. 锚可根据底质条件选用合适重量的霍尔锚、三角锚、沉石等。

4. 锚绳或锚链可选用合适粗细的尼龙生丝、铁制锚链、丙纶等材质，锚绳或锚链长度不低于 1.5 倍最大水深。

（三）供电要求

具有低功耗和交直流两用功能。需配备市电、太阳能、风光互补等多种供电接口，设备供电接口满足 24 伏特供电，供电时间应为 24 小时不间断供电。

采用太阳能或风光互补供电方式时，如天气出现异常情况无法连续供电超过 10 天，供电系统应支持增加或更换现场的蓄电池或接入市电（220 伏特），以保证电力供应正常。

（四）安防要求

浮船站安防应包括水上定位和警示设备、舱室漏水报警、防污和防生物附着材料、防雷设计四部分。

最基本的水上定位和警示系统应具备航标警示灯、自动移位报警功能和全球定位功能。

浮船站应具备舱室漏水报警功能。

船体应涂有防污、防锈和防生物附着等漆层，以提高整体使用寿命。

浮船站应加装避雷针，避雷针应高于浮船上所有的天线支架等设施至少 50 厘米，以避免在开阔水域被雷击而损坏设备。

系统和供电单元应设置防雷设施，设施具备三级电源防雷和通信防雷功能，应符合《建筑物防雷设计规范》（GB 50057—2010）的要求。

第三节　采水单元

采水单元的设置应因地制宜，针对不同情况采用最适用的采水方式，确保采集到的断面水样具有代表性，同时保证水样在传输管路中不发生物理、化学性质的变化。

一、基本要求

采水单元应结合现场水文、地质条件确定合适的采水方式，符合《地表水和污水监测技术规范》（HJ/T 91—2002），保证运行的稳定性、水样的代表性、维护的方便性。

（一）采水单元一般包括采水构筑物、采水泵、采水管道、清洗配套装置、防堵塞装置和保温配套装置。

（二）采样装置的取水口应设在水下 0.5~1 米范围内，并能够随水位变化适时调整位置，同时与水体底部保持足够的距离，防止底质淤泥对采样水质的影响。做到既能保证采集到具有代表性的水样，又能保证采样单元能连续正常运行。

（三）采水系统应具备双泵 / 双管路轮换功能，配置双泵 / 双管路采水，一备一用；可进行自动或手动切换，满足实时不间断监测的要求。

（四）采水管道应具备防冻与保温功能，采水管道配置防冻保温装置，以减少环境温度等因素对水样造成影响。

（五）采水管道材质应有足够的强度，可以承受内压，且使用年限长、性能可靠、具有极好的化学稳定性，不与水样中被测物产生物理和化学反应，避免污染水样。

（六）采水管道应具有防意外堵塞和方便泥沙沉积后的清洗功能，其管路采用可拆洗式，并装有活接头，易于拆卸和清洗。

（七）采水管道应有除藻和反清洗设备，可以通入清洗水进行自动反冲洗。通过自动阀门切换可以将清洗水和高压振荡空气送至采样头，以消除采样头单向输水运行形成的淤积，以防藻类生长、聚集和泥沙沉积。

二、水样采集设备及要求

（一）采水泵

1. 水泵选择的基本原则

一般选用清水潜水泵；当监测水体浊度过大时，应选择污水潜水泵。

当取水口位置与站房的高差小于 8 米，或平面距离小于 80 米（没有高差）时一般选用离心泵，否则应选用潜水泵。

应综合考虑采水单元采水泵的选择，需满足水质监测系统运行所需水量、水压，根据现场采水距离、水位落差配置相应功率的采水泵。

2. 采水泵功能要求

输水压力要求：压力设计要充分考虑现场的采水距离和扬程落差，应保障水样顺利输送到站房内，同时还要留有一定的余量。

输水量要求：根据系统正常上水的要求，泵的供水量宜为 1~4 吨 / 小时。

性能特点：选用的材质应适应使用环境需要，做到防腐、防漏。

（二）采水管道

采水管道材质应有足够的强度，可以承受内压和外载荷，具有极好的化学稳定性、重量轻、耐磨耗和耐油性强。

1. 采水管路设计

采水单元采用双泵双管路配置设计（潜水泵或离心泵），一用一备，满足实时不间断监测要求，并在控制单元中设置自动诊断泵故障及自动切换泵工作功能。

采水管路配有管道清洗、防堵塞、反冲洗等设施，并在取水管道设有压力监控装置，控制单元通过该装置实时监控采水单元的运行状态。

2. 采水管路清洗设计

采水管路清洗设计应具有管道反冲洗和自动排空管道功能，采水完成后系统自动排空管道并清洗，清洗过程不对环境造成污染。除藻装置可以定期自动或手动操作，配合清洗水和压缩空气，通过控制总管路及配水管路的电动阀门，可分别对外部采水管路和内部配水进行反冲洗，以防止管路堵塞，并达到对管路的除藻作用。

3. 管路铺设

为保证水管、线管等管路施工操作方便，开挖宽度不小于 0.5 米，深度一般不小于 0.5 米，冰冻地区开挖深度应满足当地防冻深度需求，管路预埋在开挖渠内靠站房并高于河涌一侧，且中间渠内无 U 字形地平。

采水管、线预埋件从站房布设至采水点岸边，采用两组镀锌钢管（管径 DN100，厚度 3.5 毫米及以上）作为保护套管，对部分深度不满足要求的，管路两头终端进出接头处采用防冻材料保护，同时管道上层做好防误挖保护（如砖块、预制块）。

管路铺设后应保证水路通畅无泄漏，电路接头安全可靠并做防水处理，采用细土缓慢回填至管路上方并轻度夯实；回填后对管路施工铺设处做好施工警示，防止其他施工误挖，保证管路使用安全。

4. 管路材质要求

根据现场具体情况建设适应当地条件的采水管路，使用三型聚丙烯或硬聚氯乙烯材质，耐用、耐热、耐压、环保。

（三）保温、防冻、防压、防淤、防藻要求

1. 保温要求

可根据保温层材料、保护层材料以及不同条件和要求，选择不同的隔热结构。

保温结构具有足够的机械强度以防止压力损坏，结构简单、施工方便、易于维修、拥有良好的防水性能等特点。

2. 防冻要求

采水管路布设分为地面段和埋地段。地面段管路通过外层敷设伴热带和保温棉实现保温和防冻功能；埋地段管路通过将管路敷设于当地冻土层以下，对管路起到防冻作用；也可采用深埋和排空方式。

在采水管道经过水面冰冻层的一段，应安装电加热保温层，并有良好的防水性能。

3. 防压要求

过路段管路应将管路敷设于预留的管线地沟内，上部设置水泥盖板防止人为踩踏；埋地管路置于镀锌钢管内。

4. 防淤、防藻要求

确保采水管道铺设平滑并具有一定坡度，尽可能减少弯头数量，避免管道内部存水。

在系统设计时，设置反冲洗装置，以防止淤泥沉积和藻类聚集。

三、安全措施

在航道上建设采水构筑物应能长期稳定安全运行，可通过在采水构筑物

周围设置红色浮球防护圈，并设置航标灯以实现安全保护功能。浮球及取水部件既要减少影响航运，又能保护自身安全，特别是采水单元，应设置防撞和防盗措施，具体可在浮球顶端设置标准航标灯，并安装视频监控装置，实时监视取水口状态。

四、采水单元设施的基本类型和特点

根据不同采水方式的结构特点可分为栈桥式采水、浮筒/船/浮标式采水、悬臂式采水、浮桥式采水、拉索式采水等（见表2–3）。

表2–3　不同类型采水方式

序号	采水方式	适用场合
1	栈桥式	可永久性、有效防洪的河道断面，具备建设栈桥条件的场合使用
2	浮筒/船/浮标式	适用各种环境，可适用于水流急、浅滩长、水位有一定变化的湖库、河道等监测断面
3	悬臂式	具备此采水方式的建设条件使用，一般适用于水流急、漂浮物多、水位有一定变化的河道监测断面
4	浮桥式	适用于湖库等水流缓慢的监测断面
5	拉索式	具备此采水方式的建设条件使用，具备对河道监测断面的多点位监测

（一）栈桥式采水

栈桥式采水装置尽可能设置在与河堤平齐位置，由采水导杆、采水浮筒、采水管线、升降电机、钢索和水泵组合成采水装置。栈桥上安装有警示标志，采水装置铺设河道位置既不能影响航道又能保障采水正常。

（二）浮筒式采水

浮筒式采水装置尽可能设置在与站房平齐位置，由采水浮筒、采水管线、船锚、钢索和水泵组合成采水装置。浮筒上方安装有警示标志，采水装置铺设河道位置既不能影响航道又能保障采水正常。

（三）悬臂式采水

悬臂式采水装置由采水浮标、采水导杆、采水管线、水泥墩子、钢索和水泵组合而成，采水浮筒和采水导杆通过钢索连接保证采水装置不会因水流速而被冲走。浮标上方安装有警示标志，采水装置铺设河道位置既不能影响航道又能保障采水正常。

（四）浮桥式采水

浮桥式采水装置由基础柱、钢索、浮桥、采水浮筒、采水管线和采水泵组合而成。采水浮桥可随水位变化上下自由浮动。采水浮桥上安装警示标志。浮桥采水装置建设河道位置既不能影响航道又能保障采水正常。

（五）拉索式采水

拉索式采水装置由基础立柱、钢索、滑轮、牵引电机、采水浮筒、采水管线和采水泵组合而成，应设置于采水断面河道两端位置，能实现对整个断面任何采水点进行采样。采水装置可随水位变化上下自由浮动。采水装置上安装警示标志。此采水方式适用于无通航断面。

第四节　预处理单元

在保证水样代表性的前提下，预处理单元对水样进行一系列处理来消除干扰自动监测仪器的因素，以保证分析系统的连续长时间可靠运行，不能采用拦截式过滤装置。由于预处理单元关系到整个分析系统的可靠性，预处理单元中所采用的阀门应为高质量的电动球阀。

预处理系统采用初级过滤和精密过滤相结合的方法，水样经初级过滤后，消除其中较大的杂物，再进一步进行自然沉降（经过滤沉淀的泥沙定期排放），然后经精密膜过滤进入分析仪表。精密过滤采用旁路设计，根据不同仪表的具体要求选定，并与分析仪表共同组成分析单元。

预处理系统主要由沉降池、过滤、安全保障等部分组成。各部分结合可以达到理想的除沙效果，管路内径、提水流量、流速满足测站内仪器分析需要，并留有2~3台常规监测仪器的接口。预处理系统在系统停电恢复后，能够按照采集控制器的控制时序自动启动。可以根据不同仪器采取恰当的过滤措施，特别情况下，酌情选择精密过滤器对水样进行二次处理。

在不违背标准分析方法的情况下，可以通过过滤达到预沉淀的效果，也可以通过预沉淀替代过滤操作。处理后的水样既要消除杂物对监测仪器的影响，又不能失去水样的代表性。过滤系统的清洗维护周期一般为三个月，过滤系统具备自动清洗、排沙、除藻功能。水样通过采水管道被输送到沉砂池中，静置使较大颗粒物下沉至池底，池底设有排放阀，每次测量周期结束后均对沉降池残留水样进行排空和清洗，为下一周期水样的进入做好准备。

预处理单元的自动清洗和除藻功能，一般由系统控制自动完成，清洗过程可以是现场人工操作，也可以是远程控制。每个测量周期结束后，高压气体对过滤器进行反冲洗，除去吸附在过滤器表面的黏着物、藻类和泥沙。

第五节　配水单元

配水单元直接向自动监测仪器供水，其水质、水压和水量应满足自动监测仪器的需要。

常规五参数自动监测仪使用原水。根据仪器对水样的要求，水样进入配水单元后，一部分水样按照最短采水距离原则不经过任何预处理，直接送入常规五参数测量池中，五参数测量仪器的安装遵循与水体距离最近的原则，池内保证水流稳定持续，水位恒定。

预留多个仪器扩展接口，可方便系统升级。各仪器配水管路采用并联采水方式，各仪器的管路内径、提水流量、流速均可单独调节并分别配备压力表。配水系统各支路满足其仪器的需水量要求外，需留有 2~3 套常规监测仪器的接口。

系统设计有正反向清洗泵、计量泵、高压空气清洗管路、臭氧除藻等，可以以多种清洗方式结合达到最佳的清洗效果，清洗过程中不对环境造成污染。

配水管线设计合理，流向清晰，便于维护，当仪器发生故障时，能够在不影响其他仪器正常工作的前提下进行维修或更换。

管材机械强度及化学稳定性好、寿命长、便于安装维护，不会对水样水质造成影响。

第六节　控制单元

控制单元是控制系统各个单元协调工作的指挥中心系统，采用一体化机柜设计，机柜内集成控制单元的全部设备。

控制单元完成水质自动监测系统的控制工作，与数据平台通信，向数据平台发送指令或接收数据平台指令，控制单元具有系统断电或断水时的保护性操作和自动恢复功能。

控制单元应能保证长期无人值守运行的体系结构，控制软件可与数据平台现有的远程控制软件完全兼容。

控制单元的核心部件包括可编程逻辑控制器（PLC）、工控机、外围设备执行器件及电路、隔离变压器、软件等。

当现场控制单元停电或者损坏不运转的时候，整个系统仍然能正常通信，平均无故障时间（MTBF）不小于 10000 小时。

第七节　检测单元

检测单元是水质自动监测系统的核心部分，由满足各检测项目要求的自动监测仪器组成。仪器的选择原则为仪器测定精度满足水质分析要求且符合国家规定的分析方法要求。所选择的仪器配置合理，性能稳定；运行维护成本合理，维护量少，二次污染小。

第八节　数据采集与传输单元

数据采集和传输单元配备高性能工作站，用于现场监测数据采集和数据传输，数据采集与传输按照分析周期执行，每周期采集一组数据，包括监测结果、监测仪器状态、校准记录、现场环境状态、报警状态、阀门状态、系统工作状态等，所有采集到的数据都保存在现场服务器内，并可根据数据传输软件设置，将全部或选定的数据传输到数据平台系统。

数据采集和传输单元满足以下功能。

（1）能实现与数据平台系统无缝衔接。数据采集和传输能自动记录，工作可靠有效。

（2）可在现场及远程进行人工参与控制。现场可动态显示系统的实时状态、各单元设备工作状态、各个测量参数数据。数据采集与传输应完整、准确、可靠，采集值与测量值误差≤ 1%。

（3）数据采集装置采用统一指定通信协议，以无线、有线传输方式进行数据传输，同时实现双向传输，并能进行权限设置。

（4）水站断电后数据不应丢失，并能储存1年以上各测量参数的原始数据。

（5）水站数据具有自动备份功能，同时保存相应时期发生的有关校准、断电及其他状态事件记录，动态异地数据备份、恢复功能。

（6）应有数据加密等系统安全防护功能。

第三章　山东省地表水水质自动监测系统安装调试

第一节　系统安装

一、系统集成安装

（一）安装流程

水站安装主要包括安装准备、柜体安装、系统集成管线布设与连接、室外采水管线接入、系统集成配套设备安装、分析仪器安装、辅助设备安装和站房配套设备（视频、门禁等）的信号接入等。

（二）机柜拼接

机柜拼接时，拼接顺序由左至右依次为工控机机柜—五参数预处理机柜—高锰酸盐指数—氨氮—总磷—总氮—自动留样器机柜。

（三）线路布设

A 相经稳压电源供电，不经过 UPS 接辅助设备（配水系统、水质自动留样器、废液处理、冰箱）；B 相经稳压电源和 UPS 电池组供电，接仪器设备、控制柜、五参数、传输系统；C 相经稳压电源供电，不经过 UPS 接机柜排风扇；C 相不经稳压电源，接空压机、臭氧除藻、采水泵。

（四）工控机接口端配置

工控机接口端配置详见表 3–1。

表 3–1　工控机接口端配置表

<table>
<tr><th>序号</th><th>端口</th><th>接口说明</th><th>说明</th></tr>
<tr><td>1</td><td>COM1</td><td>连接五参数，加装 RS232/485 转换器［485 端跳线全插，1（–）、3（+）］</td><td rowspan="4">232 串口</td></tr>
<tr><td>2</td><td>COM2</td><td>连接 UPS</td></tr>
<tr><td>3</td><td>COM3</td><td>空</td></tr>
<tr><td>4</td><td>COM4</td><td>空</td></tr>
<tr><td>5</td><td>COM5</td><td>连接 PLC</td><td rowspan="4">485 串口，1（–）、2（+）</td></tr>
<tr><td>6</td><td>COM6</td><td>连接 AD 模块</td></tr>
<tr><td>7</td><td>COM7</td><td>连接真空抽虑模块</td></tr>
<tr><td>8</td><td>COM8</td><td>连接质控模块</td></tr>
<tr><td>9</td><td>LAN1</td><td>外网连接</td><td rowspan="2">网线接口</td></tr>
<tr><td>10</td><td>LAN2</td><td>系统内部通信连接</td></tr>
</table>

（五）弱电线板接线端口配置

1. 液位（两根线）

现场的液位计只使用了五参数水箱的取水报警液位计，其他液位全部短接常亮，对应的端口线并联至 +24 伏特，弃用。液位接线端口配置详见表 3–2。

表 3–2　液位接线端口配置表

序号	名称	一根线	另一根线
1	五参数水箱液位计	端口线缆编号 502	直接连接 +24V
2	氨氮取样杯高液位 （氨氮、高锰酸盐指数）	端口线缆编号 503 直接连接 +24V	无

续表

序号	名称	一根线	另一根线
3	超声波取样杯液位 （总磷、总氮）	端口线缆编号 504 直接连接 +24V	无
4	取水点液位	端口线缆编号 507 直接连接 +24V	无
5	自来水液位	端口线缆编号 508 直接连接 +24V	无
6	废液桶液位	端口线缆编号 517	直接连接 +24V

2. 电动阀（3 根线）

电动阀控制端口配置详见表 3–3。

表 3–3　电动阀控制端口配置表

序号	名称	一根线接线（绿色控制线）	另外两根线接线（红色电源正，黑色电源负）
1	加标挤压阀 1 （两根线）	端口线缆编号 306（黑色线）	另一根接 +24V（红色线）
2	加标挤压阀 2 （两根线）	端口线缆编号 307（黑色线）	另一根接 +24V（红色线）
3	Q1	端口线缆编号 308	+24V，–24V
4	Q2	端口线缆编号 309	+24V，–24V
5	Q3	端口线缆编号 310	+24V，–24V
6	Q4	端口线缆编号 311	+24V，–24V
7	Q5	端口线缆编号 312	+24V，–24V
8	Q6（仅自吸泵有）	端口线缆编号 313	+24V，–24V
9	Q7（仅自吸泵有）	端口线缆编号 314	+24V，–24V
10	Q8	端口线缆编号 315	+24V，–24V
11	Q9	端口线缆编号 316	+24V，–24V

续表

序号	名称	一根线接线（绿色控制线）	另外两根线接线（红色电源正，黑色电源负）
12	Q10	端口线缆编号 317	+24V，-24V
13	Q11	端口线缆编号 318	+24V，-24V
14	Q14	端口线缆编号 321	+24V，-24V
15	Q15	端口线缆编号 322	+24V，-24V

3. 其他输入信号

其他输入信号接线详见表 3-4。

表 3-4　其他输入信号接线表

名称	PLC 点位	说明	建议控制接法	备注
输入 3	I0.2	探头箱高液位	常开浮子开关，24V 高电平有效	
输入 4	I0.3	过滤取样杯液位	常开浮子开关，24V 高电平有效	
输入 5	I0.4	超声波取样杯液位	常开浮子开关，24V 高电平有效	
输入 8	I0.7	取水点液位	24V+ 有效，默认接	
输入 9	I1.0	自来水液位	24V+ 有效，默认接	不接时无外管路清洗步骤
输入 10	I1.1	潜水泵 / 自吸泵	自吸泵接 24V+，潜水泵不接	
输入 12	I1.3	长外管路状态	当取水外管路太长时接 24V+ 增加外洗管路的时间	
输入 15	I1.6	源水泵采水故障清除位	24V+ 接通一次清除故障	

（六）强电线板接线

强电线板接线端口配置详见表 3-5。

表 3–5 强电线板接线端口配置表

序号	名称	接线说明	关联控制线
1	废液隔膜泵	丝印“超声波”位置	305/438
2	超声波	丝印“除藻”位置	304/415
3	清水加压泵	丝印“清洗泵”位置	302/412
4	源水泵	丝印“源水泵 1”位置	300/410
5	加碱泵	最下部右侧四个弱电接线端靠右侧 2 个一组	439
6	配水泵	最下部右侧四个弱电接线端靠左侧 2 个一组	413
7	第一个仪器机柜风扇	连接到丝印“风扇 1”位置	由时控开关控制 现场需要重新布线
8	第二个仪器机柜风扇	连接到丝印“风扇 2”位置	
9	镜前灯	连接到丝印“镜前灯”位置	由前面板镜前灯旋钮控制。现场需要布线
10	仪器机柜电源	仪器机柜电源连接到丝印“仪器 2”位置	仪器 2 经过 UPS，市电断电后可保证仪器正常供电
11	前处理机柜电源	仪器机柜电源连接到丝印“仪器 1”位置	前处理机柜侧面电器板 2 孔插座目前提供五参数电源，需要更改电路。断开目前 2 孔插座 220V 电源接入线缆（绝缘处理），重新从控制柜丝印“仪器 2”位置布设一条线路
12	试剂冰箱	电源连接到丝印“仪器 1”位置	目前使用的连接试剂冰箱的活动排插，取消插在机柜 5 孔插座上，新布设一根线缆直接引到前处理机柜备用 3 孔插座位置

（七）管路布设

管路类型配置详见表 3-6。

表 3-6　管路类型配置表

序号	项目名称	规格型号	用途	数量	备注
1	配水模块排水管	Φ40 白色 PVC 水管	取样杯排水及仪器直排废水	1 路	
2	进水管	Φ20PPR 水管	五参数水箱进水	2 路	两路进水并成 1 根接入预处理
3	预处理排水管	Φ32PPR 水管	五参数水箱及超声波排水	1 路	
4	废液处理收集管	Φ25PVC 水管	收集废液管	1 路	
5	自来水管	Φ20PPR 水管	预处理自来水管	1 路	

二、仪表安装

（一）五参数安装

1. 表头安装

将表头底板按照底板箭头所示方向安装到相应位置，然后将表头安装到底板上。

2. 探头安装

pH、电导率、溶解氧、浊度电极按照从左至右的顺序分别安装至五参数水箱盖上并用螺栓固定。

3. 电极连接

（1）pH 电极接扩展模块 1 base-e 的 sensor 1 接口，87 棕色，88 白色，97 绿色，98 黄色。

（2）电导率电极接扩展模块 1 base–e 的 sensor 2 接口，87 棕色，88 白色，97 绿色，98 黄色。

（3）溶解氧电极接扩展模块 3 2DS 的 sensor 1 接口，97 绿色，98 黄色。电极电源接 sensor supply 的 1 接口，85 粉色，86 灰色。

（4）浊度电极接扩展模块 3 2DS 的 sensor 2 接口，97 绿色，98 黄色。电极电源接 sensor supply 的 2 接口，85 粉色，86 灰色。

（5）每条电极线的外屏蔽层要连接至线固定座的金属部分。

4. 电源连接

供电电源线的 L、N、PE 对应连接即可。

5. 通信连接和拨码设置

数据输出通过主机的 RS485 modbus 总线来完成，工控机 com1 接口为 RS232 接口，需要通过转换器连接。95 接转换器的 TX–，96 接转换器的 TX+。接线完成后需要设置 RS485 地址，地址设置为 1，只有拨码 1 拨至左侧。通信正常时 com 通信指示灯会规律的闪烁，表示通信已接通。

6. 主机设置

（1）总线设置

连接完成后，主机通电，进入菜单→设置→常规设置→扩展设置页面，选择 Modbus。

设置启动为“开”，继续进入设置界面。

设置总线地址为 1，传输模式为 RTU，波特率 9600，同等为没有（1 个停止位），字节顺序 1032。

（2）输出数据设置

进入菜单→设置→输出，选择 Modbus AI1，设置为 pH 传感器 pH 信号，AI2 设置为溶解氧传感器液态浓度信号，AI3 设置为溶解氧传感器温度信号，AI4 设置为电导率传感器感应式电导率信号，AI5 设置为浊度传感器浊度福尔马肼信号。

（3）显示界面设置

进入菜单→操作，选择用户自定义显示屏设置。

进入显示屏 1，设置。

（二）分析仪器安装

分析仪器按照高锰酸盐指数、氨氮、总磷、总氮等顺序从左到右的摆放安装到仪器机柜上并用螺丝固定。仪器铭牌固定到相应仪器窗口上方。

（三）采样器安装

先将采样器电源五孔插座安装好及仪器通信用网线预留好后，再将采样器搬入采样器机柜中，连接好通信线（通信线接入网口 1），并插上电源插座调试通信和流程即可。

三、集成辅助设备安装

（一）镜前灯安装

将镜前灯的电源线从控制柜的接线端子通过线槽布置到机柜面板镜前灯安装空位并接好，再用螺丝固定好镜前灯。

（二）空压机及臭氧发生器安装

将空压机与臭氧发生器摆放至控制柜旁边，分别将其软管连接到预处理中对应接口上，并连接工作电源。

（三）稳压电源及 UPS 电源安装

将稳压电源及 UPS 摆放到控制柜中，连接好控制柜与稳压电源及 UPS 输入输出端。

（四）纯水单元安装

固定过滤器；摆放纯水机及水箱，安装水箱液位开关、水龙头等部件；连接纯水机、水箱、自来水接口、纯水配水接口、排水管各部件之间软管；插上纯水机电源并打开电源，打开自来水让其自动制纯水。

（五）微滤模块安装

总磷、总氮仪器后面构件上分别固定模块安装件，微滤模块固定于安装件上。

四、系统集成与仪表调试

（一）PLC 程序的升级

1. 先在电脑上安装 STEP 7 MicroWIN SMART V2.2 软件。
2. 把电脑 IP 改为 192.168.2.X（与 PLC 网址同一网段，避免重复），子网掩码 255.255.255.0。
3. 双击打开需要下载的 PLC 程序。
4. 双击左边菜单中的交叉引用中的通信。
5. 出现的菜单中，点击查找 CPU。（选择正确的网络接口卡：本地网口）
6. 电脑与 PLC 连接成功，然后点击确定。
7. 点击下载，安装需要的 PLC 程序。
8. 提示是否将 CPU 置于 STOP 模式，选择：“是”。
9. 提示输入密码，最后按提示完成下载。

（二）端口通信调试

配置常规工控机端口及协议。协议或端口地址设置错误，会出现通信错误，或通信在线，仪表不受控、数据不上传现象。

平台协议设置：配置平台地址为 A 类私有网址（10.0.0.0~10.255.255.255），端口号 8100，用户名、密码分配下发，填入即可。

数据类型全部勾选。

COM 口连接：检查硬件连接是否按照下表所示连接正确（表 3–7）。

表 3–7　硬件连接表

序号	端口	接口说明	说明
1	COM1	连接五参数，加装 RS232/485 转换器［485 端跳线全插，1（–）、3（+）］	232 串口
2	COM2	连接 UPS	
3	COM3	空	
4	COM4	空	
5	COM5	连接 PLC	485 串口，1（–）、2（+）
6	COM6	连接 AD 模块	
7	COM7	连接真空抽虑模块	
8	COM8	连接质控模块	
9	LAN1	外网连接	网线接口
10	LAN2	系统内部通信连接	

检查基站软件参数设置中网口设置是否准确。

点击参数配置后，选择通信设置，检查信息是否与配置表一致。

设置仪表协议、通信端口、Modbus 地址位、寄存器地址。

点开通信设置，查看 TCP 网口地址是否匹配，高锰酸盐指数 IP 对应 196.168.2.X，所有设备需在同一网段内，地址避免重复。此处仪表通信需检查仪表端 IP 地址是否输入准确。

其他相关设置：报警上下限的设置与留样器的超标留样相关，设置上下限报警值，参数超标则启动自动留样器留样。

（三）基站软件配置与升级

设备安装完成之后，需要对各个部件进行测试，检查是否能一一应答。

检查端口配制是否准确，检查协议是否匹配。

工控机端网络设置配置：

工控机配置双网口，内网网口用来连接内部仪器，内网网口不需要配置，外网网口根据现场情况进行配置。

内网地址设定均需在同一网段内；推荐配置顺序如下：

工控机 192.168.2.50

高锰 192.168.2.11

氨氮 192.168.2.12

总磷 192.168.2.13

总氮 192.168.2.14

采样器 192.168.2.15

也可选用其他 C 类私有网址（192.168.0.0~192.168.255.255），所有设备的 IP 保证在同一号段内，不冲突即可，保证网络通讯顺畅。

1. 查看网口信息

鼠标移动到屏幕右下角，单击上下箭头图标然后点击“信息”。

查看内外网口分别对应的名称，例如上文设置的工控机 IP 地址为 192.168.2.50，则“有线连接 3”的地址是 192.168.2.50，此网口为内网网口，需要配置外网网口为“有线连接 1”。

2. 配置外网网口地址

鼠标移动到屏幕右下角，单击上下箭头图标然后点击“编辑”。

选择外网网口对应名称，进行编辑，地址、子网掩码为分配站点地址，其中 VPN 内会设置网段第一个位数即此处的网关，此处的地址在最后一位＋ 1 或＋ 2，DNS 服务器统一加入 114.114.114.114 公网设置（无线路由器使用公网，宽带使用宽带公司提供的地址）。

3. 修改系统时间

（1）将鼠标移动到右下角日期时间上，右键单击，在弹出菜单上选择“属性”，在弹出的菜单中选择“时间和日期设置”。

（2）在弹出的对话框中点击解锁，并输入密码，这样就可以自己修改时间了。修改完成后点击“锁定”，同样需要输入密码，关闭所有对话框。注意：此时可能会发现时间并没有被修改，这时你需要把鼠标移动到右下角的时间上，这样才会刷新刚才更改的时间。

（四）VPN 内部配置

1. 硬件接线

VPN 设置成功后使用时 ETH0 接工控机；ETH1 为调试口，初次调试通过网线接这个口；ETH2 为外网口，接无线路由器；ETH3 不用。

2. 登录：电脑连接 ETH1 口；把调试用的本机 IP 设置为 VPN 出厂默认 IP 同一网段的不同 IP 地址，例如 VPN 默认地址为 10.254.253.254，则设置电脑 IP 为 10.254.253.XX 网段地址；子网掩码 255.255.255.0。

用浏览器访问 *https：//10.254.253.254：4430*，输入用户名和密码。（注意，有时候登录出现问题，是浏览器不行，需要更换不同的浏览器试试。）

3. 登录之后要设置网络，新建管理员，新建审核员。根据每个水站的网址号段，设置号段内第一个 IP，例如设置 10.55.122.113；子网掩码 255.255.255.240。

注意备选 DNS，无线路由器输入公网域名解析服务地址，一般填写 114.114.114.114，宽带输入宽带公司提供的账号，推荐设置 VPN 与工控机的备用 DNS，否则将导致无法打开网页。

此处子网网段是列表 IP 后推一位，如某水站分配的 IP 开始是 10.55.122.113，则网段是 10.55.122.112，点击确定。

新建安全管理员账户，保存确认。

新建审计管理员，保存确认，点右上角“立即生效”等待2分钟重启服务。

第二次换账号重新登录；然后重新输入地址，例如VPN默认地址*https://10.254.253.254：4430*，用刚才创建的安全管理员账号登录，输入账号、密码，添加管理KEY（插入管理KEY）。

登录管理KEY，添加两条VPN连接，注意密钥与用户名密码的不同。

两条连接建立成功，此时设置好工控机IP地址，在运行cmd中可以ping通相应地址，正常完成。

（五）仪表程序升级

1. 软件升级

将解压包解压后置于硬盘根目录，将U盘插入仪器USB插口，点击软件升级。

点击“下一步”按钮进入界面，选择升级包xxxx.tar.gz，点击“升级”按钮。

等待仪器升级，如提示升级成功，重启生效，点击“重启”按钮即可。升级重启后查看仪器版本号，确认是否升级成功。

2. 系统设置

点击“系统设置”按钮进入系统设置界面，此界面可对网络、时间等进行设置，并可以校准屏幕。参数信息设置完成后，点击“保存”，重启仪器生效。

3. 升级与备份

点击“升级与备份”按钮可对数据配置进行备份。当桌面浮标小房子颜色为黄色时，表示仪器数据备份失败，需要检查SD是否存在或是否已创建D卡热备。点击“创建SD卡热备”，如提示“SD卡不存在”，请检查SD卡是否插好，SD 卡存在，则点击“创建备份原点”即可，重启仪器生效。

插上 U 盘，点击“备份数据至 U 盘”，选择默认项即可，点击“备份数据”，即可将流程文件、配置文件、数据库备份至 U 盘根目录的 dbbackup 文件夹下。U 盘格式 Fat32 格式。

（六）仪表主要参数设置及校准

1. 五参数校准

pH 使用 4.12、6.98 或 6.98、9.18 两种梯度标准进行校准，进入校准页面进行校准设置后校准即可。

溶解氧置于饱和空气中，水液面以上 2cm 处进行校准即可。

电导率，选择合适的标准液，进行校准标液设置后进行校准即可。

浊度，原厂已校准，如需要可根据情况校准。

2. 其他仪表设置和校准

调整好仪表状态，进行多次空白测试或校准，确认空白吸光度或步数稳定后输入曲线 1，选择不同梯度浓度进行标液核查，将对应的吸光度或步数输入曲线对应的点位。如需使用曲线 2 或曲线 3 等，请选择使用曲线 1 的空白吸光度或步数，以免导致零点、跨度测试不一致。

曲线校准完成后，将合适量程的曲线设置为工作曲线，检查核查工作曲线设置是否为已校准的曲线。

曲线点的推算：

如空白吸光度 A 为 0.100，10mg/L 的核查点吸光度 C 为 1.100，则计算 5mg/L 的点位吸光度 B，可通过 C–A/10–0 计算出每 1mg/L 对应的吸光度差值 H，则 B=5H + A 为该点吸光度推算值。

吸光度的单点测试或推算需保证曲线的相关系数良好且＞ 0.99 为理想状态。

第二节　系统调试

水站调试主要包括功能检查、采配水单元调试、分析仪器及其备机性能调试、数据采集和传输单元调试、辅助设备调试、系统联调等，输出调试报告（附件 A）。

一、功能检查

（一）系统功能

1. 检查系统组成是否完整，是否具有良好的扩展性和兼容性，能够方便地接入新的监测参数；

2. 检查系统是否具有异常信息记录、上传功能，如采水故障、部件故障、超量程报警、超标报警、缺试剂报警等信息；

3. 检查系统是否具有仪器关键参数上传、远程设置功能，能接受远程控制指令；

4. 检查系统是否能够实现对高锰酸盐指数、氨氮、总磷和总氮水质自动分析仪器自动加标回收率测试功能；

5. 检查系统能否保证分析仪器运行时所用的化学试剂处于 4 ± 2℃低温保存；

6. 检查系统是否具备断电再度通电后自动排空水样和试剂、自动清洗管路、自动复位到待机状态的功能；

7. 检查系统是否具有分析仪器及系统过程日志记录和环境参数记录功能，并能够上传至中心平台；

8. 检查视频能否实现全方位、多视角、全天候式监控，视频图像是否清晰，是否满足 1 个月的存储能力。

（二）仪器功能

1. 检查高锰酸盐指数、氨氮、总磷、总氮自动分析仪是否具有自动标样核查、空白校准、标样校准等功能；

2. 检查仪器是否具有异常信息记录、上传功能，如零部件故障、超量程报警、超标报警、缺试剂报警等信息；

3. 检查仪器是否具备过程日志记录功能；

4. 检查仪器是否 RS–232 或 RS–485 标准通信接口；

5. 除常规五参数具备 1 分钟 1 次，其他参数具备 1 小时 1 次的监测能力。

二、采配水单元调试

（一）采水单元应满足常规五参数以 1 小时为周期的监测要求；

（二）通过控制软件依次操作各单元，检查采水泵、增压泵、空压机、除藻单元、液位计、各阀门、液位开关、压力开关、匀化装置等部件工作状态是否正常；

（三）执行采配水分布流程，检查采配水管路有无漏液，五参数水箱、预处理水箱等排水是否彻底，有无残留；

（四）执行清洗流程，检查清洗管路有无漏液，如自动反清（吹）洗是否正常。

三、仪器要求及调试

（一）仪器要求

1. 分析仪器需通过环境监测仪器质量监督检验中心的适用性检测；

2. 常规五参数仪器跨度限值应不低于断面水质类别限值的 2.5 倍；

3. 分析仪器跨度限值应不低于断面水质类别限值的 2.5 倍，断面水质浓度应在仪器所在量程的 20%–80% 之间（Ⅰ、Ⅱ类水除外）；

4. 针对Ⅰ、Ⅱ类水，分析仪器检出限应不大于断面水质类别限值；

5. 当断面水质类别发生变化时，仪器应自动切换至备用跨度，备用跨度值应遵循以上要求。

（二）仪器调试

依据相应检测方法开展自动分析仪器准确度、重复性，检出限、多点线性核查，集成干预检查等测试，其测试指标应满足相关指标要求（表 3–7）。

表 3–7　仪器调试性能指标要求

仪器类型	技术指标要求	试验指标限值	试验方法
水温水质自动分析仪	分析方法	热电阻或热电偶	/
	量程	0℃ ~60℃，可调	②
	准确度	± 0.5℃	②
pH 水质自动分析仪	分析方法	玻璃电极法	/
	重复性	± 0.1pH 以内	HJ/T 96—2003/8.3.1
	漂移（pH=7）	± 0.1pH 以内	HJ/T 96—2003/8.3.3
	响应时间	≤ 30s	HJ/T 96—2003/8.3.5
	实际水样比对试验	± 0.5pH 以内	HJ/T 96—2003/8.3.8
电导率水质自动分析仪	分析方法	电极法	/
	重复性	± 1%	HJ/T 97—2003/7.4.1
	准确度	± 1%	HJ/T 915—2017/7.3.3.1
	响应时间（T_{90}）	≤ 30s	HJ/T 97—2003/7.4.4
	实际水样比对试验	± 5%	HJ/T 97—2003/7.4.7

续表

仪器类型	技术指标要求	试验指标限值		试验方法
浊度水质自动分析仪	分析方法	光散射法		/
	重复性	± 5%		HJ/T 98—2003/8.3.1
	线性误差	± 5%		HJ/T 98—2003/8.3.4
	实际水样比对试验	± 10%		HJ/T 98—2003/8.3.6
溶解氧水质自动分析仪	分析方法	电化学法、荧光法		/
	重复性	± 0.3mg/L		HJ/T 99—2003/8.3.1
	准确度	± 0.3mg/L		HJ/T 915—2017/7.3.3.1
	响应时间（T_{90}）	2min 以内		HJ/T 99—2003/8.3.4
	实际水样比对试验	± 0.5mg/L		HJ/T 99—2003/8.3.7
高锰酸盐指数水质自动分析仪	分析方法	高锰酸钾氧化法		/
	重复性	± 5%		HJ/T 100—2003/9.4.1
	测量误差	± 5%		HJ/T 100—2003/9.4.4
	检出限	≤ 1mg/L		HJ 915—2017/7.3.3.3
	多点线性核查	≥ 0.98		HJ 915—2017/7.3.3.4
	加标回收率自动测定	80%~120%		③
	实际水样比对试验	①		HJ 915—2017/7.3.3.8
	集成干预检查	①		②
氨氮水质自动分析仪	分析方法	纳氏试剂分光光度法、水杨酸分光光度法、氨气敏电极法		/
	示值误差	标准浓度为 2mg/L 时	± 8.0%	HJC-ZY 33—2013/4.4.1
		标准浓度为 5mg/L 时	± 5.0%	
	重复性	≤ 2.0%		HJC-ZY 33—2013/4.4.2
	检出限	≤ 0.05mg/L		HJ 915—2017/7.3.3.3
	多点线性核查	≥ 0.98		HJ 915—2017/7.3.3.4
	加标回收率自动测定	80%~120%		③
	实际水样比对试验	①		HJ 915—2017/7.3.3.8
	集成干预检查	①		②

续表

仪器类型	技术指标要求	试验指标限值	试验方法
总磷水质自动分析仪	分析方法	钼酸铵分光光度法	/
	准确度	± 10%	HJ 915—2017/7.3.3.1
	重复性	≤ 3%	HJ/T 103—2003/8.4.1
	检出限	≤ 0.01mg/L	HJ 915—2017/7.3.3.3
	多点线性核查	≥ 0.98	HJ 915—2017/7.3.3.4
	加标回收率自动测定	80%~120%	③
	实际水样比对试验	①	HJ 915—2017/7.3.3.8
	集成干预检查	①	②
总氮水质自动分析仪	分析方法	过硫酸钾消解－紫外分光光度法	/
	准确度	± 10%	HJ 915—2017/7.3.1
	重复性	≤ 5%	HJ/T 102—2003/8.4.1
	检出限	≤ 0.1mg/L	HJ 915—2017/7.3.3
	多点线性核查	≥ 0.98	HJ 915—2017/7.3.4
	加标回收率自动测定	80%~120%	③
	实际水样比对	①	HJ 915—2017/7.3.3.8
	集成干预检查	①	②
藻密度水质自动分析仪	分析方法	荧光法	/
	准确度	± 10%	①
	检出限	≤ 200cells/mL	①
	实际水样比对试验	①	①
叶绿素 a 水质自动分析仪	分析方法	荧光法、分光光度法	/
	准确度	± 10%	①
	检出限	≤ 0.1μg/L	①
	实际水样比对试验	①	①

续表

仪器类型	技术指标要求	试验指标限值	试验方法

注：

①《地表水自动监测技术规范》（HJ 915—2017）要求及检测方法。

②系统比对核查试验检测方法

在采水口处人工采集水样，沉淀 30 分钟后经自动分析仪器直接测试，与系统自动测定的结果进行比对，检查系统集成对水体污染物的成分和浓度的影响。

③加标回收率自动测定

仪器进行一次实际水样测定后，对同一样品加入一定量的标准物质，仪器测试加标回收率，然后再测试一次样品，以加标前后水样的测定值计算回收率，以样品 2 次测定值计算仪器相对偏差。加标回收率，具体计算公式如下：

$$R=\frac{B-A}{\frac{V_1 \times C}{V_2}}\times 100\% \tag{1）}$$

式中：

R——加标回收率；

B——加标后水样测定值；

A——样品测定值；

V_1——加标量，mL；

C——加标液浓度，mg/L；

V_2——样品体积，mL。

$$\eta=\frac{|A_2-A_1|}{A_1}\times 100\% \tag{2）}$$

式中：

η——仪器相对误差；

A_1——样品第一次测定值；

A_2——样品第二次测定值。

注：

（1）当仪器相对误差 $\eta \leqslant 10\%$ 时方可进行加标回收率的计算；

（2）加标量的确定：基站控制系统根据加标前水样浓度自动调整加标量。当被测水样浓度低于分析仪器的 4 倍检出限时，加标量应为分析仪器 4 倍检出限浓度；当被测水样浓度高于分析仪器的 4 倍检出限时，加标量为水样浓度的 0.5~3 倍。当加标样品超出分析仪器的量程时，分析仪器切换到合适量程进行测试。

四、控制单元调试

（1）检查 VPN 设备、光纤收发器、无线模块连接是否正确；

（2）串口通信方式检查两端接线端子是否一致，根据说明书设置分析仪器输出配置和控制单元配置进行连接，检查通信是否正常，并按照地表水自动监测仪器通信协议技术要求，所有指令逐一调试，并做好记录；

（3）检查控制单元上分析仪器关键参数与仪器设置的参数是否一致。

五、辅助设备调试

（1）检查废液收集或废液自动处理装置是否满足要求；

（2）检查站内安防、温湿度传感器等是否正常；

（3）检查站内稳压电源、UPS 等设备是否正常；

（4）异常留样功能测试，验证自动留样器是否启动工作，检查留样完毕后能否进行自动密封；

（5）按要求进行视频监控设备操作，检查图像是否清晰，检查云台工作是否正常，检查视频焦距调整是否正常，视频存储功能是否正常。

六、系统联调

（一）系统测试

设定系统运行周期（不低于 4 小时 / 次），同时以 24 小时为周期运行零点漂移核查、跨度漂移核查和加标回收率自动测定，进行完整流程调试，包括采水、预处理、配水、自动分析检测、质控检测、管路清洗、数据采集传输等流程，进行水站系统全流程自动测试，验证系统是否正常运行，质控检测是否满足质控要求。

（二）联网调试

1. 设置控制单元与平台通信参数，检查通信是否正常，并按照地表水自动监测系统通信协议技术要求进行所有指令调试，并做好记录。

2. 五参数为分钟数据，检查分钟数据上传是否正常。

3. 检查水站运行状态及仪器设置参数信息是否可实时、准确上传至中心平台。

4. 检查水站分析仪器数据是否可实时、准确上传至中心平台，数据时间、类型标识是否正确。

5. 检查数据管理平台与水站分析仪器反控指令，包括仪器远程参数设置、远程标样核查、远程启动测量、远程查看设备运行日志等。

6. 检查水站视频是否可以远程查看，各方位视频是否清晰。

七、关键参数建档

系统调试完毕后，应完整记录系统集成及仪器的关键参数，保证与上传至平台的信息保持一致，同时做好记录和存档（表 3–8）。

表 3–8　系统集成与仪器关键参数统计

设备名称	关键参数名称	参数设置	备注
系统集成	采水时长		
	超声波时间		
	沉降时间		
	清洗时间		
高锰酸盐指数（ORP 电极或光度滴定法）	样品进样体积		
	消解液体积		
	氧化剂体积		
	还原液体积		
	消解时间及温度		

续表

设备名称	关键参数名称	参数设置		备注
高锰酸盐指数（ORP 电极或光度滴定法）	工作曲线一	标液浓度	信号值	
		工作曲线方程：		
	工作曲线二	标液浓度	信号值	
		工作曲线方程：		
	空白信号			
	校准系数			
高锰酸盐指数（消解－比色法）	样品进样体积			
	消解液体积			
	氧化剂体积			
	还原液体积			
	显色剂体积			
	消解时间及温度			
	显色时间及温度			
	工作曲线一	标液浓度	信号值	
		工作曲线方程：		

续表

<table>
<tr><th>设备名称</th><th>关键参数名称</th><th colspan="2">参数设置</th><th>备注</th></tr>
<tr><td rowspan="9">高锰酸盐指数（消解－比色法）</td><td rowspan="7">工作曲线二</td><td>标液浓度</td><td>信号值</td><td></td></tr>
<tr><td></td><td></td><td></td></tr>
<tr><td></td><td></td><td></td></tr>
<tr><td></td><td></td><td></td></tr>
<tr><td></td><td></td><td></td></tr>
<tr><td></td><td></td><td></td></tr>
<tr><td colspan="2">工作曲线方程：</td><td></td></tr>
<tr><td>空白信号</td><td colspan="2"></td><td></td></tr>
<tr><td>校准系数</td><td colspan="2"></td><td></td></tr>
<tr><td rowspan="22">总磷（钼酸铵光度法）</td><td>样品进样体积</td><td colspan="2"></td><td></td></tr>
<tr><td>消解液体积</td><td colspan="2"></td><td></td></tr>
<tr><td>还原液体积</td><td colspan="2"></td><td></td></tr>
<tr><td>显色剂体积</td><td colspan="2"></td><td></td></tr>
<tr><td>消解时间及温度</td><td colspan="2"></td><td></td></tr>
<tr><td>显色时间及温度</td><td colspan="2"></td><td></td></tr>
<tr><td rowspan="7">工作曲线一</td><td>标液浓度</td><td>信号值</td><td></td></tr>
<tr><td></td><td></td><td></td></tr>
<tr><td></td><td></td><td></td></tr>
<tr><td></td><td></td><td></td></tr>
<tr><td></td><td></td><td></td></tr>
<tr><td></td><td></td><td></td></tr>
<tr><td colspan="2">曲线方程：</td><td></td></tr>
<tr><td rowspan="7">工作曲线二</td><td>标液浓度</td><td>信号值</td><td></td></tr>
<tr><td></td><td></td><td></td></tr>
<tr><td></td><td></td><td></td></tr>
<tr><td></td><td></td><td></td></tr>
<tr><td></td><td></td><td></td></tr>
<tr><td></td><td></td><td></td></tr>
<tr><td colspan="2">工作曲线方程：</td><td></td></tr>
<tr><td>空白信号</td><td colspan="2"></td><td></td></tr>
<tr><td>校准系数</td><td colspan="2"></td><td></td></tr>
</table>

续表

<table>
<tr><th>设备名称</th><th>关键参数名称</th><th colspan="2">参数设置</th><th>备注</th></tr>
<tr><td rowspan="9">总氮（碱性过硫酸钾－紫外光度法）</td><td>样品进样体积</td><td colspan="2"></td><td></td></tr>
<tr><td>消解液体积</td><td colspan="2"></td><td></td></tr>
<tr><td>调节液体积</td><td colspan="2"></td><td></td></tr>
<tr><td>中和液体积</td><td colspan="2"></td><td></td></tr>
<tr><td>消解时间及温度</td><td colspan="2"></td><td></td></tr>
<tr><td>工作曲线</td><td colspan="2"></td><td></td></tr>
<tr><td>工作曲线方程</td><td colspan="2"></td><td></td></tr>
<tr><td>空白信号</td><td colspan="2"></td><td></td></tr>
<tr><td>校准系数</td><td colspan="2"></td><td></td></tr>
<tr><td rowspan="23">总氮（碱性过硫酸钾－还原显色法）</td><td>样品进样体积</td><td colspan="2"></td><td></td></tr>
<tr><td>消解液体积</td><td colspan="2"></td><td></td></tr>
<tr><td>缓冲液体积</td><td colspan="2"></td><td></td></tr>
<tr><td>中和液体积</td><td colspan="2"></td><td></td></tr>
<tr><td>显色剂体积</td><td colspan="2"></td><td></td></tr>
<tr><td>消解时间及温度</td><td colspan="2"></td><td></td></tr>
<tr><td>显色时间及温度</td><td colspan="2"></td><td></td></tr>
<tr><td rowspan="7">工作曲线一</td><td>标液浓度</td><td>信号值</td><td></td></tr>
<tr><td></td><td></td><td></td></tr>
<tr><td></td><td></td><td></td></tr>
<tr><td></td><td></td><td></td></tr>
<tr><td></td><td></td><td></td></tr>
<tr><td></td><td></td><td></td></tr>
<tr><td colspan="2">曲线方程：</td><td></td></tr>
<tr><td rowspan="7">工作曲线二</td><td>标液浓度</td><td>信号值</td><td></td></tr>
<tr><td></td><td></td><td></td></tr>
<tr><td></td><td></td><td></td></tr>
<tr><td></td><td></td><td></td></tr>
<tr><td></td><td></td><td></td></tr>
<tr><td></td><td></td><td></td></tr>
<tr><td colspan="2">曲线方程：</td><td></td></tr>
<tr><td>空白信号</td><td colspan="2"></td><td></td></tr>
<tr><td>校准系数</td><td colspan="2"></td><td></td></tr>
</table>

续表

<table>
<tr><th>设备名称</th><th>关键参数名称</th><th colspan="2">参数设置</th><th>备注</th></tr>
<tr><td rowspan="23">氨氮
（水杨酸比色法）</td><td>样品进样体积</td><td colspan="2"></td><td></td></tr>
<tr><td>显色剂体积</td><td colspan="2"></td><td></td></tr>
<tr><td>氧化剂体积</td><td colspan="2"></td><td></td></tr>
<tr><td>中和液体积</td><td colspan="2"></td><td></td></tr>
<tr><td>吸收液体积</td><td colspan="2"></td><td></td></tr>
<tr><td>消解时间及温度</td><td colspan="2"></td><td></td></tr>
<tr><td>显色时间及温度</td><td colspan="2"></td><td></td></tr>
<tr><td rowspan="7">工作曲线一</td><td>标液浓度</td><td>信号值</td><td></td></tr>
<tr><td></td><td></td><td></td></tr>
<tr><td></td><td></td><td></td></tr>
<tr><td></td><td></td><td></td></tr>
<tr><td></td><td></td><td></td></tr>
<tr><td></td><td></td><td></td></tr>
<tr><td colspan="2">曲线方程：</td><td></td></tr>
<tr><td rowspan="7">工作曲线二</td><td>标液浓度</td><td>信号值</td><td></td></tr>
<tr><td></td><td></td><td></td></tr>
<tr><td></td><td></td><td></td></tr>
<tr><td></td><td></td><td></td></tr>
<tr><td></td><td></td><td></td></tr>
<tr><td></td><td></td><td></td></tr>
<tr><td colspan="2">曲线方程：</td><td></td></tr>
<tr><td>空白信号</td><td colspan="2"></td><td></td></tr>
<tr><td>校准系数</td><td colspan="2"></td><td></td></tr>
<tr><td rowspan="6">氨氮
（纳氏试剂法）</td><td>样品进样体积</td><td colspan="2"></td><td></td></tr>
<tr><td>显色剂体积</td><td colspan="2"></td><td></td></tr>
<tr><td>中和液体积</td><td colspan="2"></td><td></td></tr>
<tr><td>吸收液体积</td><td colspan="2"></td><td></td></tr>
<tr><td>消解时间及温度</td><td colspan="2"></td><td></td></tr>
<tr><td>显色时间及温度</td><td colspan="2"></td><td></td></tr>
</table>

续表

设备名称	关键参数名称	参数设置		备注
氨氮（纳氏试剂法）	工作曲线一	标液浓度	信号值	
		曲线方程：		
	工作曲线二	标液浓度	信号值	
		曲线方程：		
	空白信号			
	浓度系数			
氨氮（电极法）	样品进样体积			
	标样一体积			
	标样二体积			
	调节液体积			
	反应时间及温度			
	工作曲线一	标液浓度	信号值	
		曲线方程：		

续表

设备名称	关键参数名称	参数设置		备注
氨氮（电极法）	工作曲线	标液浓度	信号值	
		曲线方程：		
	空白信号			
	校准系数			

附件 A

地表水水质自动监测站
调试报告
（模板）

断面名称：

站点名称：

站点编号：

承建单位：

年　　月　　日

说　明

1. 报告内容需填写齐全、清楚、签名清晰。

2. 主要内容至少包括下述内容：

（1）系统及仪器功能检查表；

（2）仪器性能指标测试，包括示值误差 / 准确度、24 小时零点漂移、24 小时跨度漂移、重复性、直线性、检出限、多点线性核查、加标回收率、集成干预检查、实际水样比对试验等；

（3）系统各单元调试记录。

3. 本报告应作为水站的技术档案进行归档保存。

一、水站仪器功能核查

表 A–1 系统集成及仪器功能核查表

项目	内容	是否具备功能（是打√，否打 × ）	
系统集成功能	系统用电保护：系统配有稳压电源、UPS 电源。一旦出现过压或欠压情况，稳压电源可确保站点用电正常；当出现停电状况时，UPS 电源可确保工控机或数采仪在线 1 小时以上		
	防雷功能：系统安装有电源防雷及通信防雷器，一旦出现雷击时，可通过一级防雷及二级防雷有效地隔断感应雷的损害		
	纯水制备：系统配备有纯水机并自动为监测设备制备纯水，确保仪器测试时所需纯水		
	取水判断功能：系统通过安装在集成管路里的传感器或其他感应装置，能够对取水是否成功进行判断		
	自动清洗功能：系统根据设定的清洗周期自动对采水管路、水样箱进行自来水清洗，并生成相关日志		
	加标回收率装置：系统能够根据设定周期自动制样对高锰酸盐指数、氨氮、总磷和总氮水质自动分析仪器自动加标回收率测试功能		
	试剂恒温保存功能：系统配备有试剂恒温装置，保证分析仪器运行时所用的化学试剂处于 4 ± 2℃低温保存		
	自动留样功能：系统能根据实际需求实现等时留样、超标留样、故障留样等		
	可扩展功能：具有良好的扩展性和兼容性，能够方便地接入新的监测参数		
	视频监控功能：监控视频能实现全方位、多视角、全天候式监控，视频图像是否清晰，满足 1 个月的存储能力		
控制软件功能	具有仪器及系统运行周期（连续或间歇）设置功能，至少具备常规、应急、质控等多种运行模式		
	采集的数据是否添加标识		
	能够保存高锰酸盐指数、氨氮、总磷和总氮水质自动分析仪器日志并能够上传至中心平台		

项目	内容	是否具备功能（是打√，否打×）	
控制软件功能	能够保存系统过程日志，并能够上传至中心平台		
	能够保存仪器关键参数，并能够上传至中心平台		
	能够记录环境参数，并能够上传至中心平台		
	远程控制功能：能够通过平台远程对系统进行设置，能接受远程控制指令		
	发生采水故障时能否记录信息并上传平台		
	仪器及采配水部件发生故障时能否记录信息并上传平台		
	超量程时能否报警，能否记录异常信息并上传平台		
	超标报警时能否报警，能否记录异常信息并上传平台		
	缺试剂报警时能否报警，能否记录异常信息并上传平台		
仪器功能	仪器可自行设定自动标样核查周期，并根据周期自动进行标样核查、零点漂移、量程漂移测试		
	高锰酸盐指数、氨氮、总磷、总氮自动分析仪可自动进行空白校准或者根据设定的标样浓度自动校准工作曲线		
	仪器可根据测试结果自动判别选择最佳量程进行测试，自动切换到高量程或低量程重新对水样进行测试		
	高锰酸盐指数、氨氮、总磷和总氮水质自动分析仪器测试过程日志记录及关键参数随监测数据进行记录		
	仪器具有异常信息记录、上传功能，如零部件故障、超量程报警、超标报警、缺试剂报警等信息		
	断电再度通电后自动排空水样和试剂、自动清洗管路、自动复位到待机状态的功能		
	仪器具有 RS-232 或 RS-485 标准通信接口		
	除常规五参数具备 1 分钟 1 次，高锰酸盐指数、氨氮、总磷和总氮水质自动分析仪器具备 1 小时 1 次的监测能力		

测试人：　　　　复核人：　　　　审核人：

二、自动站仪器性能考核结果

表 A–2　仪器调试性能考核结果

站点名称：	站房类型：		测试时间：	
监测参数	**性能指标**	**测试结果**	**技术要求**	**考核结果（合格√，不合格 ×）**
	准确度			
	重复性			
	检出限			
	多点线性核查			
	集成干预检查			
	加标回收率			
	实际水样比对试验			

测试人：　　　　　　　　　　　　复核人：　　　　　　　　　　　　审核人：

表 A–3　仪器准确度 / 示值误差考核原始记录表

仪器名称及型号：			调试时间：	
测定次数	**标准溶液浓度（mg/L）**	**仪器测定值（mg/L）**	**准确度 / 示值误差**	**结果判定（合格√，不合格 ×）**
1				
2				
3				
4				
5				
6				

测试人：　　　　　　　　　　　　复核人：　　　　　　　　　　　　审核人：

表 A-4　仪器重复性考核原始记录表

仪器名称及型号：			调试时间：	
测定次数	标准溶液浓度（mg/L）	仪器测定值（mg/L）	重复性	结果判定（合格√，不合格 ×）
1				
2				
3				
4				
5				
6				

测试人：　　　　复核人：　　　　审核人：

表 A-5　仪器检出限考核原始记录表

仪器名称及型号：			调试时间：	
测定次数	标准溶液浓度（mg/L）	仪器测定值（mg/L）	检出限（mg/L）	结果判定（合格√，不合格 ×）
1				
2				
3				
4				
5				
6				
7				

测试人：　　　　复核人：　　　　审核人：

表 A–6　自动站仪器多点线性核查考核原始记录表

仪器名称及型号：		调试时间：
测定序号	**标准溶液浓度（mg/L）**	**仪器测试结果（mg/L）**
1		
2		
3		
4		
5		
6		
回归方程		斜率 a=　　截距 b=
相关系数	R^2=	性能要求：≥ 0.995
结果判定：（合格√，不合格 ×）		

测试人：　　　　　　复核人：　　　　　　审核人：

表 A-7　仪器零点漂移考核原始记录表

项目		高锰酸盐指数	氨氮	总磷	总氮	其他参数
零点校正液浓度（mg/L）						
测定时间						
测定结果	1					
	2					
	3					
	4					
	5					
	6					
	7					
	8					
	9					
	10					
	11					
	12					
	13					
	14					
	15					
	16					
	17					
	18					
	19					
	20					
	21					
	22					
	23					
	24					
初始值						
最大值						
零点漂移						
是否合格						

测试人：　　　　　　　　　　复核人：　　　　　　　　　　审核人：

表 A-8　仪器量程漂移考核原始记录表

内容	高锰酸盐指数	氨氮	总磷	总氮	……
标准溶液浓度（mg/L）					
测定时间					
最大偏差					
量程漂移					
是否合格					

测试人：　　　　　　　　　　复核人：　　　　　　　　　　审核人：

表 A-9　仪器实际水样比对实验考核原始记录表

编号	系统测试结果（mg/L）	实验室测试结果（mg/L）	误差
1			
2			
3			
4			
5			
6			

表 A-10　集成干预检查实验考核原始记录表

编号	系统测试结果（mg/L）	仪器测试结果（mg/L）	误差
1			
2			
3			
4			
5			
6			

三、系统调试记录

表 A–11　系统调试原始记录表

<table>
<tr><th>序号</th><th colspan="5">项　目</th><th>核查结果（合格√，不合格 ×）</th></tr>
<tr><td colspan="7">采配水单元</td></tr>
<tr><td>1</td><td colspan="5">采水单元是否满足常规五参数以 1 分钟为监测周期的要求</td><td></td></tr>
<tr><td>2</td><td colspan="5">采水泵、增压泵、空压机、除藻单元、液位计、各阀门、液位开关、压力开关、匀化装置等部件工作状态是否正常</td><td></td></tr>
<tr><td>3</td><td colspan="5">采配水管路有无漏液，五参数水箱、预处理水箱等排水是否彻底，有无残留</td><td></td></tr>
<tr><td>4</td><td colspan="5">清洗管路有无漏液，如自动反清（吹）洗是否正常</td><td></td></tr>
<tr><td colspan="7">控制单元</td></tr>
<tr><td>5</td><td colspan="5">VPN 设备、光纤收发器、无线模块连接是否正确</td><td></td></tr>
<tr><td>6</td><td rowspan="4">单点控制命令是否执行</td><td>水泵启动</td><td></td><td>自来水清洗</td><td></td><td rowspan="4"></td></tr>
<tr><td>7</td><td>零点核查</td><td></td><td>跨度核查</td><td></td></tr>
<tr><td>8</td><td>加标回收率测试</td><td></td><td>停止仪器测试</td><td></td></tr>
<tr><td>9</td><td>清洗仪器</td><td></td><td>留样器启动</td><td></td></tr>
<tr><td>10</td><td rowspan="3">检查数据标识是否符合要求</td><td>周期数据</td><td></td><td>零点核查数据</td><td></td><td rowspan="3"></td></tr>
<tr><td>11</td><td>跨度核查数据</td><td></td><td>报故障数据</td><td></td></tr>
<tr><td>12</td><td>维护数据</td><td></td><td>标定数据</td><td></td></tr>
<tr><td>13</td><td rowspan="6">是否采集仪器关键参数，并检查与仪器设置是否一致</td><td>消解温度</td><td></td><td>消解时间</td><td></td><td rowspan="6"></td></tr>
<tr><td>14</td><td>显色时间</td><td></td><td>静止时间</td><td></td></tr>
<tr><td>15</td><td>量程上限</td><td></td><td>校准系数</td><td></td></tr>
<tr><td>16</td><td>工作曲线</td><td></td><td>相关系数</td><td></td></tr>
<tr><td>17</td><td>测试信号值</td><td></td><td>仪器所在量程</td><td></td></tr>
<tr><td>18</td><td>试剂余量</td><td></td><td>小数点位数</td><td></td></tr>
</table>

续表

<table>
<tr><th>序号</th><th colspan="5">项　目</th><th>核查结果（合格√，不合格 ×）</th></tr>
<tr><td rowspan="5">19</td><td rowspan="5">是否采集报警信息，并检查与仪器运行情况是否一致</td><td>缺试剂报警</td><td></td><td>缺水样报警</td><td></td><td rowspan="5"></td></tr>
<tr><td>缺蒸馏水报警</td><td></td><td>超量程告警</td><td></td></tr>
<tr><td>缺标液</td><td></td><td>传感器异常</td><td></td></tr>
<tr><td>漏液告警</td><td></td><td>部件异常</td><td></td></tr>
<tr><td>信号异常</td><td></td><td>量程切换报警</td><td></td></tr>
<tr><td colspan="7">辅助设备</td></tr>
<tr><td>20</td><td colspan="5">是否具备废液收液能力，或废液自动处理装置能力是否满足要求</td><td></td></tr>
<tr><td>21</td><td colspan="5">安防、温湿度传感器等是否正常</td><td></td></tr>
<tr><td>22</td><td colspan="5">稳压电源是否正常</td><td></td></tr>
<tr><td>23</td><td colspan="5">UPS 是否正常</td><td></td></tr>
<tr><td>24</td><td colspan="5">设定自动留样阈值，验证自动留样器是否启动工作</td><td></td></tr>
<tr><td>25</td><td colspan="5">留样完毕后留样瓶能否自动密封</td><td></td></tr>
<tr><td></td><td colspan="5">联网调试</td><td></td></tr>
<tr><td>26</td><td colspan="5">确认水站与中心平台通信链路是否正常，能够远程查看数据</td><td></td></tr>
<tr><td>27</td><td colspan="5">五参数为分钟数据上传是否正确</td><td></td></tr>
<tr><td>28</td><td rowspan="4">检查现场端能否执行平台反控指令</td><td>启动采水</td><td></td><td>清洗管路</td><td></td><td></td></tr>
<tr><td>29</td><td>水样测试</td><td></td><td>零漂测试</td><td></td><td></td></tr>
<tr><td>30</td><td>加标回收率测试</td><td></td><td>量漂测试</td><td></td><td></td></tr>
<tr><td>31</td><td>远程调整摄像头角度</td><td></td><td></td><td></td><td></td></tr>
<tr><td>32</td><td rowspan="5">关键参数上传是否正确</td><td>消解温度</td><td></td><td>消解时间</td><td></td><td></td></tr>
<tr><td>33</td><td>显色时间</td><td></td><td>静止时间</td><td></td><td></td></tr>
<tr><td>34</td><td>量程上限</td><td></td><td>校准系数</td><td></td><td></td></tr>
<tr><td>35</td><td>工作曲线</td><td></td><td>相关系数</td><td></td><td></td></tr>
<tr><td>36</td><td>测试信号值</td><td></td><td>仪器所在量程</td><td></td><td></td></tr>
</table>

续表

序号	项　目					核查结果（合格√，不合格×）
37	能否远程查看报警信息	缺试剂报警		缺水样报警		
38		缺蒸馏水报警		超量程告警		
39		缺标液		传感器异常		
40		漏液告警		部件异常		
41		信号异常		量程切换报警		
42	能否远程设置仪器关键参数					
43	远程查看系统日志，确认与控制单元信息是否一致					
44	远程查看仪器日志，确认与控制单元信息是否一致					
45	能够远程查看现场端运行状态					
46	能够远程查试剂余量，远程查看结果与现场试剂余量是否一致					
47	监测数据标识是否正确	正常		超上限		
48		超下限		电源故障		
49		仪器故障		仪器离线		
50		仪器通信故障		取水点无水样		
51		标液一校准		手工输入数据		
52		标液二校准		维护调试数据		
53		标液三校准		24 小时零点漂移		
54		空白测试		24 小时跨度漂移		
55		标样核查测试		线性核查		
56		加标回收测试		实际水样比对		
57		平行样测试				
58	能否远程查看现场运行状态	离线		待机		
59		测量		维护		
60		清洗		故障		
61		校准		标样核查		
61	能否远程查看现场门禁记录信息					
62	水站视频是否可以远程查看，各方位视频是否清晰					

第三节　系统试运行

1. 联网调试完成后系统进入试运行，试运行应连续正常运行 30 天。

2. 试运行开始前应提供维护方案和质控计划。

3. 试运行期间维护及质控测试应按照相关质控措施进行；Ⅲ ~ Ⅴ类水主要进行 24 小时零点漂移、24 小时跨度漂移、加标回收率自动测定、多点线性核查等质控测试；Ⅰ ~ Ⅱ类水要进行 24 小时零点漂移、24 小时跨度漂移等质控测试。

4. 试运行期间应做好系统故障统计、试剂及标准溶液更换记录、易耗品更换记录等工作。

5. 试运行期间因电力系统、采水系统等外界因素造成系统故障，系统恢复正常后顺延相应的时间；因系统自身故障造成运行中断，系统恢复正常后重新开始试运行。

6. 试运行期间监测数据上传至中心平台。

7. 试运行期间水站每个监测参数的数据有效率不小于 80%。

8. 编制系统试运行报告（附件 B）。

附件 B

地表水水质自动监测站
试运行报告
（模板）

断面名称：

站点名称：

站点编号：

承建单位：

年　　月　　日

说　明

1. 报告内容需填写齐全、清楚、签名清晰。

2. 主要内容至少包括下述内容：

（1）每日标液核查记录；

（2）试运行期周数据、月数据统计；

（3）试运行期数据有效率。

3. 本报告及数据不得用于商品广告，违者必究。

一、试运行质控数据记录

表 B-1 24 小时零点漂移和跨度漂移核查记录表

仪器型号及名称			跨度			
零点校正液浓度			数据有效率			
时间	**零点校正液测试结果**	**准确度**	**跨度校正液测试结果**	**准确度**	**零点漂移**	**跨度漂移**

注：本表格内容为参考性内容，现场可根据实际需求制作相应的记录表格（下同）。

表 B-2　加标回收率自动测试记录表

监测项目	测定次数	样品体积（mL）	加标样		加标前样品测定结果（mg/L）	加标后样品测定结果（mg/L）	加标回收率
			加标液浓度（mg/L）	加标体积（mL）			
氨氮	1						
	2						
高锰酸盐指数	1						
	2						
总磷	1						
	2						
总氮	1						
	2						
……							

表 B-3　自动站仪器多点线性核查考核原始记录表

仪器名称及型号		调试时间	
测定序号	标准溶液浓度	仪器测试结果	结果判定（合格√，不合格 ×）
1			
2			
3			
4			
5			
6			
相关系数	γ=		□合格　□不合格
回归方程	斜率 a=		截距 b=

测试人：　　　　　　复核人：　　　　　　审核人：

二、水站试运行日报

表 B-4　试运行期间数据日报

水站名称									
统计人员						统计日期			
日期	pH 日均值[1]	溶解氧日均值（mg/L）	电导率日均值（μS/cm）	浊度日均值（NTU）	氨氮日均值（mg/L）	高锰酸盐指数日均值（mg/L）	总磷日均值（mg/L）	总氮日均值（mg/L）	……
周均值[2]									
水质类别									
月均值[3]									
水质类别									
备注	（1）用小时值平均计算日均值；当每日数据获取率≥80%时计算日均值，否则无法计算日均值。 （2）用日均值平均计算周均值；每超过一周无自动监测数据的应补测人工数据，并备注。 （3）用日均值平均计算月均值。								

三、易耗品更换记录表

表 B-5　易耗品更换记录表

设备名称		规格型号		设备编号	
序号	**易耗品名称**	**规格型号**	**单位**	**数量**	**更换原因说明（备注）**

维护保养人：　　　　　　时间：　　　　　　核查人：　　　　　　时间：

四、系统故障统计表

表 B-6 系统故障统计表

设备名称		规格型号		设备编号	
序号	**故障时间**	**故障名称**	**故障原因**	**修复时间**	**备注**

维护保养人： 时间： 核查人： 时间：

五、试剂及标准样液更换记录表

表 B–7　试剂及标准样液更换记录表

设备名称			规格型号		设备编号		
序号	标准样品名称	标准样品浓度	配制时间	更换时间	数量	配制人员	更换人员

维护保养人：　　　　时间：　　　　核查人：　　　　时间：

第四章　山东省地表水水质自动监测系统联网规定

山东省地表水水质自动监测系统通过数据采集与传输单元实现对监测数据的传输，以及对监测仪器设备的状态监控和远程反控。从底层逐级向上分别为在线监测仪器设备与数采仪之间通信、数采仪与数据平台之间通信。

第一节　地表水自动监测仪器通信协议技术要求

在线监测仪器设备与数采仪之间通信协议采用 Modbus RTU 标准，通过 Modbus 寄存器定义通信数据内容。

一、Modbus RTU

（一）报文帧结构

Modbus 报文结构表见表 4–1。

表 4–1　Modbus 报文结构表

名称	类型	长度（字节）	描述
设备地址	BYTE	1	对应仪器中的设备地址，用于区分挂在同一个 485 总线下不同在线监测仪器。取值范围 1~247
功能码	BYTE	1	功能码定义见表 4–2
数据	BYTE[n]	N	变长数据，伴随功能码、应答模式不同而不同
CRC	WORD	2	Modbus CRC16 校验结果

（二）功能码定义

Modbus 功能码定义见表 4–2。

表 4–2　Modbus 功能码定义表

代码	功能	数据类型	备注
0x03	读	整形、浮点、字符	读多个寄存器
0x10	写	整形、浮点、字符	写多个寄存器

（三）报文应答格式

1. 功能码（0x03）读

主机请求见表 4–3。

表 4–3　功能码（0x03）读主机请求

设备地址	功能码	寄存器地址	寄存器数量	CRCH	CRCL
1B	1B	2B	2B	1B	1B

设备地址：主控板地址，为 0x01–0xF7 可选；
功能码：为 0x03；
寄存器地址：要读取数据的存放开始地址；
寄存器数量：要读取的寄存器的个数；
从机应答见表 4–4。

表 4–4　功能码（0x03）读从机应答

设备地址	功能码	数据字节数	数据	CRCH	CRCL
1B	1B	1B	……	1B	1B

设备地址：下位机地址，为 0x01–0xF7 可选；

功能码：为 0x03；

数据字节数：寄存器数量 ×2；

数据：N=（寄存器数量 ×2）BYTE；

错误应答：

设备地址（1BYTE）+ 出错功能码 + 错误类型（1BYTE）+CRC 校验

注意出错功能码是功能码 BYTE 最高位取反得到。例如 0x03 出错功能码为 0x83。

错误类型：

01　非法功能

02　非法数据地址

03　非法数据值

04　从站设备故障

05　确认

06　从属设备忙

注：以上错误类型为 Modbus RTU 标准含义。

示例：

读取命令：

01　03　00　00　00　02　C4　0B（设备地址 01）

02　03　00　00　00　02　C4　38（设备地址 02）

其中设备地址（01）+ 功能码（03）+ 寄存器起始地址（00　00）+ 寄存器数量（00　02 即指数据长度为 2 个字）+CRC 校验（C4　0B）

应答报文：

01　03　04　41　CB　42　B7　EF　27

设备地址（01）+ 功能码（03）+ 数据字节数（04）+ 读取数据（实际为 16 进制数 42　B7　41　CB 对应的浮点型数据为 91.63）+CRC 校验（EF　27）

2. 功能码（0x10）写

主机请求见表 4–5。

表 4–5 功能码（0x10）写主机请求

设备地址	功能码	寄存器地址	寄存器数量	字节数	DATA	CRCH	CRCL
1B	1B	2B	2B	1B	…	1B	1B

设备地址：主控板地址，为 0x01–0xF7 可选

功能码：为 0x10

寄存器地址：要读取数据的存放开始地址

寄存器数量：要写入寄存器的个数

字节数：写入数据的字节数

DATA：要写入的数据

注意，如写一个寄存器，则寄存器数量为 1，字节数为 2，数据为一个 WORD。

从机应答见表 4–6。

表 4–6 功能码（0x10）写从机应答

设备地址	功能码	寄存器地址	寄存器数量	CRCH	CRCL
1B	1B	2B	2B	1B	1B

示例：

主机发送：01 10 00 6B 00 02 04 00 0F 06 08 86 51

从机回复：01 10 00 6B 00 02 30 14

错误应答：设备地址（1BYTE）+ 出错功能码 + 错误类型（1BYTE）+CRC 校验

注意，出错功能码是功能码 BYTE 最高位取反得到。例如 0x03 出错功能码为 0x83。

错误类型：

01 非法功能

02 非法数据地址

03　非法数据值

04　从站设备故障

05　确认

06　从站设备忙

注：以上错误类型为 Modbus RTU 标准含义。

（四）应用规约

应用规约见表 4–7。

表 4–7　Modbus 数据类型定义表

数据类型	描述及要求
BYTE	无符号单字节整型（字节，8 位）
WORD	无符号 2 字节整型（字，16 位）
DWORD	无符号 4 字节整型（双字，32 位）
FLOAT	4 字节浮点数型（字节，32 位）IEEE 754 标准
DOUBLE	8 字节浮点数型（字节，64 位）
BYTE[n]	N 字节
STRING	GBK 编码，采用 0 终结符，若无数据，则放一个 0 终结符
CHAR[n]	N 个字符，ASCII
DATE	日期类型 6 字节 年（BYTE）–月（BYTE）–日（BYTE）–时（BYTE）–分（BYTE）–秒（BYTE） 其中，年 =byte+2000，月：1–12，日：1–31，时：0–23，分：0–59，秒：0–59 数值格式：BCD 码

数据字节序定义：

协议采用小端模式（little-endian）来传递 WORD、DWORD、FLOAT、DOUBLE。对于 DWORD、FLOAT、DOUBLE，字间顺序也按照小端模式

（little-endian）排列。

二、数据内容定义

仪器数据内容分类见表 4-8。

表 4-8 仪器数据内容分类表

分类	名称	描述
基本参数	工作状态	仪器当前工作状态
	测量模式	仪器当前测试模式
	测量数据	包括测量数值、数据时间、数据标识
	告警信息	仪器部件、分析系统、预处理告警等
	故障信息	仪器故障
管控信息	关键参数	包括设定参数（如消解时长）、运行参数（如斜率、截距）。
远程控制	控制命令	水样测试、标样核查、零点核查、跨度核查等

（一）工作状态

仪器工作状态：仪表当前的测量工作状态，编码和控制命令编码一样（表 4-9）。

表 4-9 仪器工作状态定义表

编码	描述	备注
0	空闲	
1	水样测试	
2	标样核查	
3	零点核查	测量结果与水样测试分开寄存器输出
4	跨度核查	测量结果与水样测试分开寄存器输出

续表

编码	描述	备注
5	空白测试	测量结果与水样测试分开寄存器输出
6	平行样测试	测量结果与水样测试分开寄存器输出
7	加标回收	测量结果与水样测试分开寄存器输出
8	空白校准	
9	标样校准	
10	初始化（清洗）	
19	标定	
……		

（二）测量数据

仪器测量数据内容定义见表 4–10。

表 4–10　仪器测量数据内容定义表

编号	名称	备注
1	因子编码	符合 HJ212–2017 要求
2	测量数值单位	符合 HJ212–2017 要求
3	数据时间	测量启动时间
4	测量数值	符合 HJ212–2017 要求
5	数据标识	见《数据标记表》

（三）控制命令

控制命令定义见表 4–11。

表 4-11　控制命令定义表

编码	名称	参数个数	参数说明	备注
1	启动测量	无		
2	标样核查	无		
3	零点核查	无		
4	跨度核查	无		
5	空白测试	无		
6	平行样测试	无		
7	加标回收	无		
8	空白校准	无		
9	标样校准	无		
10	初始化（清洗）	无		
11	停止测试	无		
12	仪器重启	无		重启仪器系统
13	校时	3 个寄存器	DATE 类型： 数据格式 BCD 码	如：2017-01-01　00：00：00 表示为 170101000000
14	模式设置	1 个寄存器	WORD 类型： 1 连续模式 2 周期模式 3 定点模式 4 受控模式 5 手动模式	1 连续模式：仪器自动 24 小时不间断测试水样； 2 周期模式：按设置好的时间间隔自动测试水样； 3 定点模式：整点测试； 4 受控模式：接受外部基站或数采仪反控； 5 手动模式：维护模式，不会自动测试，也不接外部控制命令
15	测量间隔设置	1 个寄存器	WORD 类型： 单位：分钟	X ≥ 30 分钟，周期模式有效
16	零点核查间隔设置	1 个寄存器	WORD 类型： 单位：分钟	X ≥ 30 分钟，周期模式有效
17	跨度核查间隔设置	1 个寄存器	WORD 类型： 单位：分钟	X ≥ 30 分钟，周期模式有效

续表

编码	名称	参数个数	参数说明	备注
18	标样核查间隔设置	1个寄存器	WORD类型：单位：分钟	X ≥ 30分钟，周期模式有效
……				

注：测量间隔设置、零点核查间隔设置、跨度核查间隔设置等均是在仪器工作模式设置为周期模式情况下才会自动测试的，否则无效。比如，如果是受控模式，则仪器仅会接受基站的反控命令工作。常规五参数比较特殊，可以不实现反控以及标定间隔设置、测量间隔设置、核查间隔设置、测量模式设置。

（三）管控信息

管控信息包括关键参数、反馈状态、告警信息。考虑不同类型仪器之间差异、不同厂家同类分析仪分析方法差异，管控信息按照仪器类别＋国标行标分析方法来分类定义管控信息基本内容，并允许各个厂家根据自身特点扩展差异部分，但扩展内容不应与管控信息基本内容定义相冲突。对于没有采用国标行标分析方法的仪器，允许厂家进行单独定义和扩展。地表水常见九种指标监测仪器的分析方法见表4–12，高锰酸盐指数、氨氮、总磷、总氮关键参数见表4–13，常规五参数关键参数见表4–14，告警信息见表4–15，故障信息见表4–16。

表4–12　地表水常见九种指标监测仪器的分析方法

参数名称		测量方法	测量方法标准	仪表技术规范
常规五参数	pH	pH玻璃电极	GB 13195—91	HJ/T 96—2003
	水温	温度传感器法	GB 6920—86	
	溶解氧	电化学探头法	HJ 506—2009	HJ/T 99—2003
		荧光法		
	电导率	电极法	《水和废水监测分析方法》（第四版）	HJ/T 97—2003
	浊度	光散射法	《水和废水监测分析方法》（第四版）	HJ/T 98—2003

续表

<table>
<tr><th>参数名称</th><th colspan="2">测量方法</th><th>测量方法标准</th><th>仪表技术规范</th></tr>
<tr><td>总磷</td><td colspan="2">过硫酸钾消解－钼酸铵光度法</td><td>GB 11893—89</td><td>HJ/T 103—2003</td></tr>
<tr><td>总氮</td><td colspan="2">碱性过硫酸钾消解－紫外分光光度法</td><td>GB 11894—89
HJ 636—2012</td><td>HJ/T 102—2003</td></tr>
<tr><td rowspan="6">高锰酸盐指数</td><td rowspan="3">高锰酸钾酸性氧化法</td><td>ORP 电极电位－滴定法</td><td rowspan="3">GB 11892—89</td><td rowspan="6">HJ/T 100—2003</td></tr>
<tr><td>吸光度－滴定法</td></tr>
<tr><td>直接分光光度法</td></tr>
<tr><td rowspan="3">高锰酸钾碱性氧化法</td><td>ORP 电极－滴定法</td><td rowspan="3">GB 17378.4—2007</td></tr>
<tr><td>吸光度－滴定法</td></tr>
<tr><td>直接分光光度法</td></tr>
<tr><td rowspan="4">氨氮</td><td rowspan="3">光度法</td><td>纳氏试剂光度法</td><td>HJ 535—2009</td><td rowspan="4">HJC-ZY—2009</td></tr>
<tr><td>水杨酸光度法</td><td>HJ 536—2009</td></tr>
<tr><td>蒸馏逐出比色法</td><td>HJ 537—2009</td></tr>
<tr><td>电极法</td><td>离子选择电极法</td><td>HZ-HJ-SZ-0136</td></tr>
</table>

表 4-13　高锰酸盐指数、氨氮、总磷、总氮关键参数

名称	数据类型	单位	适用范围
测量精度	16 位整型	无	通用
消解温度	16 位整型	摄氏度	通用
消解时间	16 位整型	分钟	通用
量程下限	32 位浮点	与测量单位一致	通用
量程上限	32 位浮点	与测量单位一致	通用
曲线斜率 k	32 位浮点	无	通用
曲线截距 b	32 位浮点	无	通用
标定日期	Date 类型	Date 类型	通用
标液一浓度	32 位浮点	与测量单位一致	通用
标液一信号值	32 位浮点	无	通用

续表

名称	数据类型	单位	适用范围
标液二浓度	32 位浮点	与测量单位一致	通用
标液二信号值	32 位浮点	无	通用
标液三浓度	32 位浮点	与测量单位一致	扩展
标液三信号值	32 位浮点	无	扩展
标液四浓度	32 位浮点	与测量单位一致	扩展
标液四信号值	32 位浮点	无	扩展
标液五浓度	32 位浮点	与测量单位一致	扩展
标液五信号值	32 位浮点	无	扩展
线性相关系数（R 或 R^2）	32 位浮点	无	通用
试剂余量	32 位整型	%	扩展（前 16 位试剂编号，后 16 位余量）
测量滴定值或吸光度	32 位浮点	无	通用
空白校准时间	Date 类型	Date 类型	通用
标准样校准时间	Date 类型	Date 类型	通用
检出限值	32 位浮点	与测量单位一致	通用
校准系数	32 位浮点	无	扩展，固定（0.95，1.05）之间，一般为 1.0
设备序列号	WORD[6]	无	通用

注：以上“适用范围”一列中，“通用”表示针对除常规五参数以外所有分析方法，“扩展”表示非通用或扩展功能关联的参数，以下表格中同此含义。

表 4–14　常规五参数关键参数

名称	数据类型	单位	适用范围
测量精度	WORD	无	通用
pH 量程下限	32 位浮点	无	扩展
pH 量程上限	32 位浮点	无	扩展

续表

名称	数据类型	单位	适用范围
溶解氧量程下限	32 位浮点	毫克 / 升	扩展
溶解氧量程上限	32 位浮点	毫克 / 升	扩展
电导率量程下限	32 位浮点	微西 [门子]/ 厘米	扩展
电导率量程上限	32 位浮点	微西 [门子]/ 厘米	扩展
浊度量程下限	32 位浮点	NTU	扩展
浊度量程上限	32 位浮点	NTU	扩展
pH 电极电位	32 位浮点	见寄存器定义表	扩展
溶解氧电极电位	32 位浮点	见寄存器定义表	扩展（电化学探头法独有）
溶解氧荧光强度	32 位浮点	见寄存器定义表	扩展（荧光法独有）
电导率电极电位	32 位浮点	见寄存器定义表	扩展
浊度散光量	32 位浮点	见寄存器定义表	扩展
设备序列号	WORD[6]	无	扩展

表 4–15　告警信息

告警码	描述	适用范围
0	无告警	通用
1	缺试剂告警	通用
2	缺水样告警	通用
3	缺蒸馏水告警	通用
4	缺标液告警	通用
5	仪表漏液告警	扩展
6	标定异常告警	扩展
7	超量程告警	通用
8	加热异常	通用

续表

告警码	描述	适用范围
9	低试剂预警	扩展
10	超上限告警	通用
11	超下限告警	通用
12	仪表内部其他异常	通用
13	滴定异常告警	通用（滴定法独有）
14	电极异常告警	通用（ORP 电位滴定法独有）
15	量程切换告警	扩展
16	参数设置告警	扩展
17	pH 电极电位异常	扩展（五参数）
18	电导率电极异常	扩展（五参数）
19	浊度光度异常	扩展（五参数）
20	溶解氧电极异常	扩展（电化学探头法独有）
21	溶解氧光强异常	扩展（荧光法独有）
……		

表 4–16　故障信息

故障码	描述	适用范围
0	无故障	
1	电机故障	通用
2	温度故障	通用
3	通信故障	通用
4	滴定故障	通用
……		

三、寄存器定义

寄存器地址区间划分见表 4–17。

表 4–17　寄存器地址区间划分

区间名称	开始地址偏移	结束地址偏移	寄存器数量	描述
测量数据区	0x1000	0x107F	128	测量数据区
状态告警区	0x1080	0x109F	32	工作状态、告警、故障等
关键参数区	0x10A0	0x10FE	95	关键参数、反馈状态
控制命令区	0x1200		1+n	控制命令 1+ 命令参数 n

考虑到有仪器集成多个监测因子时（如集成总磷总氮、集成总磷氨氮），每个参数分配一个 Modbus 地址来区分即可，这样每个参数的测量数据区的寄存器地址都是相同的，不用考虑通道偏移问题，而且也不受通道的限制。

（一）测量数据区

测量数据区寄存器定义见表 4–18。

表 4–18　测量数据区寄存器定义

区间名称	寄存器偏移	数据类型	寄存器描述	读写	备注
测量数据区	0x1000~0x1001	DWORD	因子编码	R	整型
	0x1002	WORD	单位	R	
	0x1003~0x1004	FLOAT	标样参考值	R	
	0x1005~0x1007	DATE	水样数据时间	R	
	0x1008~0x1009	FLOAT	水样实测值	R	
	0x100A~0x100F	CHAR[12]	水样数据标识	R	
	0x1010~0x1012	DATE	标样数据时间	R	
	0x1013~0x1014	FLOAT	标样实测值	R	
	0x1015~0x101A	CHAR[12]	标样数据标识	R	

续表

区间名称	寄存器偏移	数据类型	寄存器描述	读写	备注
测量数据区	0x101B~0x101D	DATE	空白数据时间	R	
	0x101E~0x101F	FLOAT	空白实测值	R	
	0x1020~0x1025	CHAR[12]	空白数据标识	R	
	0x1026~0x1028	DATE	零点核查数据时间	R	
	0x1029~0x102A	FLOAT	零点核查实测值	R	
	0x102B~0x1030	CHAR[12]	零点核查数据标识	R	
	0x1031~0x1033	DATE	跨度核查数据时间	R	
	0x1034~0x1035	FLOAT	跨度核查实测值	R	
	0x1036~0x103B	CHAR[12]	跨度核查数据标识	R	
	0x103C~0x103E	DATE	加标回收数据时间	R	
	0x103F~0x1040	FLOAT	加标回收实测值	R	
	0x1041~0x1046	CHAR[12]	加标回收数据标识	R	
	0x1047~0x1049	DATE	平行样数据时间	R	
	0x104A~0x104B	FLOAT	平行样实测值	R	
	0x104C~0x1051	CHAR[12]	平行样数据标识	R	
	0x1052~0x107F			R	预留

（二）状态告警区

状态告警区寄存器定义见表 4-19。

表 4-19　状态告警区寄存器定义

区间名称	寄存器偏移	数据类型	寄存器描述	读写	备注
状态告警区	0x1080	DATE	系统时间	R	仪器系统时间
	0x1081				
	0x1082				
	0x1083	WORD	工作状态	R	同命令编码一致

续表

区间名称	寄存器偏移	数据类型	寄存器描述	读写	备注
状态告警区	0x1084	WORD	测量模式	R	1 连续模式 2 周期模式 3 定点模式 4 受控模式 5 手动模式
	0x1085	WORD	告警代码	R	
	0x1086	WORD	故障代码	R	
	0x1087	WORD	日志代码	R	自定义
	0x1088	WROD	软件版本	R	
	0x1089–0x109F			R	预留

（三）关键参数区

关键参数区寄存器定义见表 4–20。

表 4–20 关键参数区寄存器定义

名称	寄存器偏移	数据类型	寄存器描述	读写	备注
关键参数	0x10A0	WORD	测量精度	R	小数位数
	0x10A1	WORD	消解温度	R	单位：摄氏度
	0x10A2	WORD	消解时长	R	单位：分钟
	0x10A3	FLOAT	量程下限	R	
	0x10A4			R	
	0x10A5	FLOAT	量程上限	R	
	0x10A6			R	
	0x10A7	FLOAT	曲线斜率 k	R	
	0x10A8			R	
	0x10A9	FLOAT	曲线截距 b	R	
	0x10AA			R	

续表

名称	寄存器偏移	数据类型	寄存器描述	读写	备注
关键参数	0x10AB	DATE	标定日期	R	
	0x10AC			R	
	0x10AD			R	
	0x10AE	FLOAT	标液一浓度	R	
	0x10AF			R	
	0x10B0	FLOAT	标液一 测量过程值	R	信号值
	0x10B1			R	
	0x10B2	FLOAT	标液二浓度	R	
	0x10B3			R	
	0x10B4	FLOAT	标液二 测量过程值	R	信号值
	0x10B5			R	
	0x10B6	FLOAT	标液三浓度	R	
	0x10B7			R	
	0x10B8	FLOAT	标液三 测量过程值	R	信号值
	0x10B9			R	
	0x10BA	FLOAT	标液四	R	
	0x10BB			R	
	0x10BC	FLOAT	标液四 测量过程值	R	信号值
	0x10BD			R	
	0x10BE	FLOAT	标液五	R	
	0x10BF			R	
	0x10C0	FLOAT	标液五 测量过程值	R	信号值
	0x10C1			R	
	0x10C2	FLOAT	线性相关系数 （R 或 R^2）	R	R 或 R^2
	0x10C3			R	

续表

名称	寄存器偏移	数据类型	寄存器描述	读写	备注
关键参数	0x10C4	WORD	试剂余量	R	
	0x10C5			R	
	0x10C6	FLOAT	测量滴定值或吸光度	R	
	0x10C7			R	
	0x10C8	Date	空白校准时间	R	
	0x10C9			R	
	0x10CA			R	
	0x10CB	Date	标样校准时间	R	
	0x10CC			R	
	0x10CD			R	
	0x10CE	FLOAT	检出限值	R	
	0x10CF			R	
	0x10D0	FLOAT	校准系数	R	
	0x10D1				
	0x10D2	WORD[6]	设备序列号	R	
	0x10D3				
	0x10D4				
	0x10D5				
	0x10D6				
	0x10D7				
	……				

（四）控制命令区

控制命令区寄存器定义见表 4–21。

表 4-21　控制命令区寄存器定义

名称	寄存器偏移	数据类型	寄存器描述	读写	备注
控制命令区	0x1200	WORD	控制命令码	W	
	0x1201	BYTE[n]	控制命令参数	W	当控制命令码为时间校准命令时，该字段为 6 字节的 DATE
	……				
	0x12FF				

（五）常规五参数

常规五参数寄存器定义见表 4-22。

表 4-22　常规五参数寄存器定义

名称	寄存器偏移	数据类型	寄存器描述	读写	备注
关键参数	0x10A0	WORD	测量精度	R	小数位数
	0x10A1	FLOAT	pH 量程下限	R	
	0x10A2				
	0x10A3	FLOAT	pH 量程上限	R	
	0x10A4				
	0x10A5	FLOAT	溶解氧量程下限	R	
	0x10A6				
	0x10A7	FLOAT	溶解氧量程上限	R	
	0x10A8				
	0x10A9	FLOAT	电导率量程下限	R	
	0x10AA				
	0x10AB	FLOAT	电导率量程上限	R	
	0x10AC				
	0x10AD	FLOAT	浊度量量程下限	R	
	0x10AE				
	0x10AF	FLOAT	浊度量量程上限	R	
	0x10B0				
	0x10B1	FLOAT	pH 电极电位	R	
	0x10B2				

续表

名称	寄存器偏移	数据类型	寄存器描述	读写	备注
	0x10B3	FLOAT	溶解氧电极电位	R	
	0x10B4				
	0x10B5	FLOAT	溶解氧荧光强度	R	溶解氧电极电位或荧光强度
	0x10B6				
	0x10B7	FLOAT	电导率电极电位	R	
	0x10B8				
	0x10B9	FLOAT	浊度散光量	R	
	0x10BA				
	0x10BB	WORD[6]	设备序列号	R	
	0x10BC				
	0x10BD				
	0x10BE				
	0x10BF				
	0x10C0				
	……	……			

四、通信报文示例

（一）错误应答报文

错误应答报文示例见表 4–23。

表 4–23 错误应答报文示例

错误码	错误类型	示例报文
0x01	非法功能	01 83 01 80 f0
0x02	非法数据地址	01 83 02 c0 f1
0x03	非法数据值	01 83 03 01 31
0x04	从站设备故障	01 83 04 40 f3
0x06	从站设备忙	01 83 06 c1 32

注意这里的0x83是出错功能码，是请求报文功能码字节最高位取反得到。例如0x03出错功能码为0x83。

（二）数据读取报文

请求报文：01　03　10　00　00　10　40　C6

应答报文：01　03　20　00　00　52　0B　00　01　00　00　3F　00　17　01　01　00　00　00　1E　B8　3E　85　4E　00　00　00　00　00　00　00　00　00　00　00　78　89

解析过程：

00　00　52　0B表示因子编码21003：氨氮

00　01表示单位：mg/L

00　00　3F　00表示标样参考浓度：0.5

17　01　01　00　00　00表示数据时间：2017-01-01　00：00：00

1E　B8　3E　85表示水样测试结果：0.26

4E　00　00　00　00　00　00　00　00　00　00　00表示标识：N

如果标识为T，则标识包为：54　00　00　00　00　00　00　00　00　00　00　00

如果标识为lr，则标识包为：6C　72　00　00　00　00　00　00　00　00　00　00

（三）参数读写报文

参数读写报文示例见表4-24。

表4-24　参数读写报文示例

操作名称	示例报文
读取测量模式	请求报文：01　03　10　81　00　01　D0　E2 应答报文：01　03　02　00　04　B9　87 00　04表示读取到测量模式是受控模式，接受基站反控命令运行

（四）控制报文

控制报文示例见表 4–25。

表 4–25　控制报文示例

操作名称	示例报文
启动测量	请求报文：01　10　12　00　00　01　02　00　01　55　91 应答报文：01　10　12　00　00　01　04　B1
零点核查	请求报文：01　10　12　00　00　01　02　00　03　D4　50 应答报文：01　10　12　00　00　01　04　B1
跨度核查	请求报文：01　10　12　00　00　01　02　00　04　95　92 应答报文：01　10　12　00　00　01　04　B1
时间校准	请求报文：01　10　12　00　00　04　08　00　0d　17　01　01　00　00　00　6C　73 应答报文：01　10　12　00　00　04　C4　B2 17　01　01　00　00　00 表示设置时间：2017-01-01　00：00：00
设置运行模式	请求报文：01　10　12　00　00　02　04　00　0e　00　04　47　0F 应答报文：01　10　12　00　00　02　44　B0

第二节　地表水自动监测系统通信协议技术要求

一、应答模式

完整的命令由请求方发起、响应方应答组成，具体步骤如下：

（一）请求方发送请求命令给响应方；

（二）响应方接到请求后，向请求方发送请求应答（握手完成）；

（三）请求方收到请求应答后，等待响应方回应执行结果，如果请求方未收到请求应答，按请求回应超时处理；

（四）响应方执行请求操作；

（五）响应方发送执行结果给请求方；

（六）请求方收到执行结果，命令完成，如果请求方没有接收到执行结果，按执行超时处理。

二、超时重发机制

（一）请求回应的超时

一个请求命令发出后在规定的时间内未收到回应，视为超时；

超时后重发，重发超过规定次数后仍未收到回应视为通信不可用，通信结束；

超时时间根据具体的通信方式和任务性质可自定义；

超时重发次数根据具体的通信方式和任务性质可自定义。

（二）执行超时

请求方在收到请求回应（或一个分包）后规定时间内未收到返回数据或命令执行结果，认为超时，命令执行失败，请求操作结束。

缺省超时及重发次数定义（可扩展）见表 4–26。

表 4–26　缺省超时及重发次数定义

通信类型	缺省超时定义（秒）	重发次数
GPRS	10	3
CDMA	10	3
ADSL	5	3
WCDMA	10	3
TD–SCDMA	10	3
CDMA2000	10	3
PLC	10	3
TD–LTE	10	3
FDD–LTE	10	3
WIMAX	10	3

三、通信协议数据结构

所有的通信包都是由 ASCII 码（汉字除外，采用 UTF-8 码，8 位，1 字节）字符组成。

四、通信包

通信包结构见表 4-27，所有的通信包都由 ACSII 码字符组成，标点符号为英文半角，且通信包中不含空格。其中每部分具体组成见表 4-28，其中长度为最大长度，不足位数按实际位数。

表 4-27　通信包结构

包头	数据段长度	数据段	CRC 校验	包尾

表 4-28　通信包组成

名称	类型	长度	描述
包头	字符	2	固定为 ##
数据段长度	十进制整数	4	数据段的 ASCII 字符数，如：长 255，则写为“0255”
数据段	字符	0<n<1024	变长的数据，详见表 4-29《数据段结构组成》
CRC 校验	十六进制整数	4	数据段的校验结果
包尾	字符	2	固定为 <CR><LF>（回车，换行）

五、数据段结构组成

数据段结构组成见表 4-29，其中长度为最大长度，不足位数按实际位数。

表 4-29　数据段结构组成

<table>
<tr><th>名称</th><th>类型</th><th>长度</th><th>描述</th></tr>
<tr><td>请求编码 QN</td><td>字符</td><td>20</td><td>精确到毫秒的时间戳：QN=YYYYMMDDhhmmsszzz，用来唯一标识一次命令交互</td></tr>
<tr><td>系统编码 ST</td><td>字符</td><td>5</td><td>地表水 ST=21 系统编码，系统编码取值详见《系统编码表》</td></tr>
<tr><td>命令编码 CN</td><td>字符</td><td>7</td><td>CN= 命令编码，详见《命令编码表》</td></tr>
<tr><td>访问密码 PW</td><td>字符</td><td>9</td><td>PW= 访问密码</td></tr>
<tr><td>站点唯一标识 MN</td><td>字符</td><td>13</td><td>MN= 地表水用于站点编码唯一标识</td></tr>
<tr><td>应答标志 Flag</td><td>整数</td><td>3</td><td>Flag= 标志位，这个标志位包含标准版本号、是否拆分包、数据是否应答。
<table><tr><td>V5</td><td>V4</td><td>V3</td><td>V2</td><td>V1</td><td>V0</td><td>D</td><td>A</td></tr></table>V5~V0：标准版本号；Bit：000000 表示标准 HJ/T 212—2005，000001 表示标准 HJ/T 212—2017，000010 表示本次标准修订版本号。
A：命令是否应答；Bit：1- 应答，0- 不应答。
D：是否有数据包序号；Bit：1—数据包中包含包号和总包数两部分，0—数据包中不包含包号和总包数两部分。
示例：Flag=8 表示标准版本为本次修订版本号，数据段不需要拆分并且命令不需要应答</td></tr>
<tr><td>总包数 PNUM</td><td>字符</td><td>9</td><td>PNUM 指示本次通信中总共包含的包数
注：不分包时可以没有本字段，与标志位有关</td></tr>
<tr><td>包号 PNO</td><td>字符</td><td>8</td><td>PNO 指示当前数据包的包号
注：不分包时可以没有本字段，与标志位有关</td></tr>
<tr><td>指令参数 CP</td><td>字符</td><td>—</td><td>CP=&& 数据区 &&</td></tr>
</table>

六、数据区

（一）数据区结构定义

字段与其值用“=”连接；在数据区中，同一项目的不同分类值间用“,”来分隔，不同项目之间用“；”来分隔。

（二）数据区数据类型

C4：表示最多 4 位的字符型字符串，不足 4 位按实际位数；

N5：表示最多 5 位的数字型字符串，不足 5 位按实际位数；

N14.2：用可变长字符串形式表达的数字型，表示 14 位整数和 2 位小数，带小数点，带符号，最大长度为 18；

YYYY：日期年，如 2016 表示 2016 年；

MM：日期月，如 09 表示 9 月；

DD：日期日，如 23 表示 23 日；

hh：时间小时；

mm：时间分钟；

ss：时间秒；

zzz：时间毫秒。

（三）数据区字段定义

字段名要区分大小写，单词的首个字符为大写，其他部分为小写（见表 4–30）。

表 4–30　数据区字段定义

字段名	描述	字符集	宽度	取值及描述
SystemTime	系统时间	0–9	N14	YYYYMMDDhhmmss
ExeRtn	执行结果回应代码	0–9	N3	取值详见《执行结果定义》
QnRtn	请求应答结果	0–9	N3	取值详见《请求命令返回》
DataTime	监测时间	0–9	N14	YYYYMMDDhhmmss
xxx–Rtd	监测值	0–9	—	“xxx”是监测指标编码
xxx–Avg	小时数据监测值	0–9		“xxx”是监测指标编码

续表

字段名	描述	字符集	宽度	取值及描述
xxx–Flag	监测数据标识	A–Z/0–9	C1	参见《数据标记》
xxx–WaterTime	水样测试时间	0–9	N3.2	加标回收：加标前水样测试数据时间 平行样测试：第 1 次测量数据时间
xxx–Water	水样值	0–9	N3.2	加标回收：加标前水样测试值，单位为 mg/L 平行样测试：第 1 次水样测试值，单位为 mg/L
xxx–StandardValue	标样标准浓度	0–9	N3.2	
xxx–Volume	加标体积	0–9	N14	
xxx–DVolume	加标水杯定容体积	0–9	N14	
BeginTime	开始时间	0–9	N14	YYYYMMDDhhmmss
EndTime	截止时间	0–9	N14	YYYYMMDDhhmmss
Time	流程时间	0–9	N4	单位为秒
PolId	监测因子编码	0–9/a–z/A–Z	C6	
Lng	经度	0–9	—	
Lat	纬度	0–9	—	
Volt	电压（伏）	0–9	N3.2	
Temp	温度（摄氏度）	0–9	N3.2	
Hum	湿度（%）	0–9	N3.2	
PumpX	泵 X	0–1	N1	0 为关闭，1 为打开
ValveX	阀 X	0–1	N1	0 为关闭，1 为打开
NewPW	新密码	0–9/a–z/A–Z	C6	
RunMode	系统运行模式	0–9	N1	0：维护模式；1：常规（间歇）模式；2：应急（连续）模式；3：质控模式

续表

字段名	描述	字符集	宽度	取值及描述
PumpState	系统采水泵状态	0–9	N1	水泵状态（1：只用泵一；2：只用泵二；3：双泵交替）
SystemTask	系统当前任务	0–9	N2	0：停机；1：待机；2：调试（手动）；3：水样采集；4：沉砂；5：进样；6：仪表测试分析；7：反吹；8：清洗；9：除藻
ValveCount	系统控制阀数量	0–9	N2	
ValveStateList	系统控制阀状态	0–1	N1	状态列表：ValveStateList=0|1（依次标注每个控制阀的状态，0 表示关，1 表示开）
SandCleanTime	沉砂池清洗时间	0–9	N4	单位为秒
SandWaitTime	水样静置时间	0–9	N4	单位为秒
MeasureWaitTime	等待仪表测量时间	0–9	N4	单位为秒
CleanOutPipeTime	清洗外管路时间	0–9	N4	单位为秒
CleanInPipeTime	清洗内管路时间	0–9	N4	单位为秒
AirCleanTime	反吹时间	0–9	N4	单位为秒
AirCleanInterval	反吹间隔	0–9	N4	单位为秒
WcleanTime	清洗时间	0–9	N4	单位为秒
WcleanInterval	清洗间隔	0–9	N4	单位为秒
AlgClean	除藻选择	0–1	N1	0 为停止除藻；1 为启动除藻
SystemAlarm	系统报警	0–9	N2	0 为无报警；1 为断电报警；2 为采样管路欠压（源水泵故障）；3 为进样管路欠压（进样泵 / 增加泵故障）
VaseNo	留样瓶编号	0–9	N2	取值范围为 $0<n \leqslant 99$

续表

字段名	描述	字符集	宽度	取值及描述
RtdInterval	实时数据间隔	0–9	N4	单位为分钟
RunInterval	测试间隔	0–9	N4	单位为小时，取值 $0<n \leq 24$
SandTime	沉沙时间	0–9	N4	单位为秒
Overtime	超时时间	0–9	N4	单位为秒，默认为 10 秒
ReCount	重发次数	0–9	N1	默认为 3 次
xxx–Info	现场端信息	—	—	“xxx”是现场端信息编码
InfoId	现场端信息编码	0–9/a–z	C6	

（四）请求命令返回表

请求命令返回见表 4–31。

表 4–31　请求命令返回

编号	描述	备注
1	准备执行请求	
2	请求被拒绝	
3	PW 错误	
4	MN 错误	
5	ST 错误	
6	Flag 错误	
7	QN 错误	
8	CN 错误	
9	系统繁忙不能执行	
100	未知错误	

（五）执行结果定义表

执行结果定义见表 4-32。

表 4-32　执行结果定义

编号	描述	备注
1	执行成功	
2	执行失败，但不知道原因	
3	命令请求条件错误	
4	通信超时	
5	系统繁忙不能执行	
6	系统故障	
100	没有数据	

（六）数据标记表

数据标记见表 4-33。

表 4-33　数据标记

标识	标识定义	说明
N	正常	测量数据正常有效
T	超上限	监测浓度超仪器测量上限
L	超下限	监测浓度超仪器下限或小于检出限
P	电源故障	系统电源故障，可由是否为 UPS 来供电进行判断
D	仪器故障	仪器故障
F	仪器通信故障	仪器数据采集失败
B	仪器离线	仪器离线（数据通信正常）
Z	取水点无水样	取水点没有水样或采水泵未正常上水
S	手工输入数据	手工输入的补测值（补测数据）

续表

标识	标识定义	说明
M	维护调试数据	在线监控（监测）仪器仪表处于维护（调试）期间产生的数据
hd	现场启动测试	现场人员通过基站监测系统以手工即时执行的方式发出的命令，并让仪器自动完成操作，包括水样测试、标样核查测试、加标回收测试、零点核查、跨度核查等

（七）命令编码

命令编码见表 4–34。

表 4–34　命令编码

命令名称	命令编码		命令类型	描述
	上位机向现场端	现场端向上位机		
参数命令				
心跳包命令		9015	上传命令	用于判断网络连接在线状态
设置超时时间及重发次数	1000		请求命令	用于上位机设置现场机的超时时间及重发次数，超时时间及重发次数参考取值参见示例（表 4–26）
提取监测仪表时间	1011		请求命令	用于提取监测仪表的系统时间
上传监测仪表时间		1011		用于上传监测仪表时间
设置监测仪表时间	1012		请求命令	用于设置监测仪表的系统时间
提取数采仪时间	1014		请求命令	用于提取数采仪的系统时间
上传数采仪时间		1014		用于上传数采仪时间
设置数采仪时间	1015		请求命令	用于设置数采仪的系统时间

续表

命令名称	命令编码		命令类型	描述
	上位机向现场端	现场端向上位机		
提取实时数据间隔	1061			提取实时数据间隔
上传实时数据间隔		1061		上传实时数据间隔
设置实时数据间隔	1062			指定实时数据间隔
设置数采仪密码	1072		请求命令	用于设置数采仪基站软件的密码
预留参数命令				预留命令范围 1074–1999
数据命令				
取监测指标实时数据	2011		请求命令	用于启动数采仪上传实时数据
上传监测指标实时数据		2011	上传命令	用于数采仪上传监测指标实时数据
提取测量数据	2061		请求命令	用于上位机提取数采仪的地表水小时历史数据
上传测量数据		2061	上传命令	用于上传数采仪地表水小时历史数据
提取核查数据	2062		请求命令	用于上位机提取数采仪质控核查数据
上传核查数据		2062	上传命令	用于上传数采仪质控核查数据
提取加标回收数据	2063		请求命令	用于上位机提取数采仪质控加标回收测试数据
上传加标回收数据		2063	上传命令	用于上传数采仪质控加标回收测试数据
提取平行样测试数据	2064		请求命令	用于上位机提取数采仪质控平行样测试数据
上传平行样测试数据		2064	上传命令	用于上传数采仪质控平行样测试数据

续表

命令名称	命令编码		命令类型	描述
	上位机向现场端	现场端向上位机		
提取零点核查数据	2065		请求命令	用于上位机提取数采仪质控零点核查数据
上传零点核查数据		2065	上传命令	用于上传数采仪质控零点核查数据
提取跨度核查数据	2066		请求命令	用于上位机提取数采仪质控跨度核查数据
上传跨度核查数据		2066	上传命令	用于上传数采仪质控跨度核查数据
上传数采仪开机时间		2081	上传命令	用于数采仪自动上报数采仪开机时间
预留数据命令				预留命令范围 2082–2999
控制命令				
手动远程留样	3015		请求命令	用于上位机启动即时留样
上传仪表信息（日志）		3020	上传命令	
提取仪表信息（日志）	3020		请求命令	
上传仪表信息（状态）		3020	上传命令	
提取仪表信息（状态）	3020		请求命令	
上传仪表信息（参数）		3020	上传命令	
提取仪表信息（参数）	3020		请求命令	
设置仪表信息（参数）	3021	3021	请求命令	

续表

命令名称	命令编码		命令类型	描述
	上位机向现场端	现场端向上位机		
提取现场系统信息	3040		请求命令	（根据集成商扩展）
提取现场经纬度及环境信息	3041	3041	请求命令	（根据集成商扩展）
远程切换运行模式	3042		请求命令	0：维护模式； 1：常规（间歇）模式； 2：应急（连续）模式； 3：质控模式
远程重启现场数采仪	3043		请求命令	
远程启动系统单次测试	3044		请求命令	用于上位机启动即时采样测试
远程控制系统紧急停机命令	3045		请求命令	（根据集成商扩展）
远程控制系统进入待机命令	3046		请求命令	（根据集成商扩展）
系统报警确认	3047		请求命令	（根据集成商扩展）
远程启动系统全面清洗	3048		请求命令	（根据集成商扩展）
远程启动系统外管路清洗	3049		请求命令	（根据集成商扩展）
远程启动系统内管路清洗	3050		请求命令	（根据集成商扩展）
远程启动沉砂池清洗	3051		请求命令	（根据集成商扩展）
远程启动系统除藻操作	3052		请求命令	（根据集成商扩展）

续表

命令名称	命令编码		命令类型	描述
	上位机向现场端	现场端向上位机		
远程启动五参数池清洗	3053		请求命令	（根据集成商扩展）
远程启动系统过滤器清洗	3054		请求命令	（根据集成商扩展）
远程设置系统沉淀时间	3055		请求命令	（根据集成商扩展）
远程设置系统运行测量时间间隔	3056		请求命令	
设置采样泵运行模式	3057		请求命令	（根据集成商扩展）
远程控制泵	3058		请求命令	（根据集成商扩展）
远程控制阀门	3059		请求命令	（根据集成商扩展）
设置采样时间	3060			设置源水泵从河口取水采样时长（单位为秒）（根据集成商扩展）
设置进样时间	3061			从设置沉淀池向采样杯打水时长（单位为秒）（根据集成商扩展）
设置清洗外管路时间	3062			（单位为秒）（根据集成商扩展）
设置清洗内管路时间	3063			（单位为秒）（根据集成商扩展）
设置清洗预处理单元时间	3064			指清洗沉淀池和五参数池时长（单位为秒）（根据集成商扩展）
设置测量分析时间	3065			（单位为秒）（根据集成商扩展）

续表

命令名称	命令编码		命令类型	描述
	上位机向现场端	现场端向上位机		
设置补水时间	3066			一次进样太短允许二次补水进样（单位为秒） （根据集成商扩展）
启动单台仪表标液核查	3080		请求命令	
启动单台仪表加标回收	3081		请求命令	
启动单台仪表平行样测试	3082		请求命令	
启动单台仪表零点核查	3083		请求命令	
启动单台仪表跨度核查	3084		请求命令	
启动空白校准	3085		请求命令	仪器采用蒸馏水测试结果对仪器进行校准的过程
启动标样校准	3086		请求命令	仪器采用标准溶液测试结果对仪器校准系数或工作曲线方程进行校准的过程
预留数据命令				预留命令范围 3090–3999
交互命令				
请求应答		9011		用于数采仪回应接收上位机请求命令是否有效
执行结果		9012		用于数采仪回应接收上位机请求命令执行结果
通知应答	9013	9013		回应通知命令
数据应答	9014	9014		数据应答命令
预留交互命令				预留命令范围 9015–9999

七、数据类型及上传时间间隔

数据类型及上传时间间隔见表 4–35。

表 4–35　数据类型及上传时间间隔

序号	命令名称	命令代码	上传时间间隔
1	监测指标实时数据	2011	按设置的间隔
2	监测指标小时（4 小时 / 组）数据	2061	4 小时
3	监测指标核查数据	2062	事件触发
4	监测指标加标回收数据	2063	事件触发
5	监测指标平行样数据	2064	事件触发
6	监测指标零点核查数据	2065	事件触发
7	监测指标跨度核查数据	2066	事件触发
8	数采仪开机时间	2081	每次启动上传
9	留样信息	3015	事件触发
10	仪器 / 数采仪信息（日志）	3020	事件触发
11	仪器 / 数采仪信息（状态）	3020	实时间隔传输
12	仪器 / 数采仪信息（参数）	3020	与小时数据同步

第五章　山东省地表水水质自动监测系统验收

一、总体要求

地表水水质自动监测系统验收包括站房及外部保障设施建设验收、仪器设备验收和数据传输及数据平台验收。

二、验收程序

（1）进行仪器性能测试和实验室比对，委托有资质单位对站房供电、防雷等基础设施进行检定，并按规定时间进行试运行；

（2）编制验收报告，提出验收申请；

（3）检查现场完成情况，组织召开验收会，形成验收意见；

（4）整理验收资料并存档。

三、验收基本条件

地表水水质自动监测系统验收应具备以下条件：

（1）站房的供电、通信、供水、交通以及防雷、防火、防盗等基础设施满足要求；

（2）监测仪器设备及配件按照合同约定供货，外观无损；

（3）完成仪器性能测试、比对实验，技术指标满足国家相关技术规范和合同的要求；

（4）完成水质自动监测系统的通信测试，水站数据上传至数据平台；
（5）完成地表水水质自动监测系统至少连续30天的运行；
（6）建立地表水水质自动监测系统档案，编制验收报告。

四、验收内容

（一）站房及外部保障设施验收

站房及外部保障设施的竣工验收应符合国家标准、现行质量检验评定标准、施工验收规范、经审查通过的设计文件，及有关法律、法规、规章和规范性文件的要求。检查工程实体质量，检查工程建设参与各方提供的竣工资料，对建筑工程的使用功能进行抽查、试验。验收过程中发现问题，达不到竣工验收标准时，应责成建设方立即整改，重新确定时间组织竣工验收。站房及外部保障设施检查见表5–1、表5–2。

表5–1　站房及外部保障设施检查

检查内容	检查项目名称	技术要求	检查结论（合格打√，不合格打×）	备注
监测站房要求	面积	固定式水站仪器间面积≥ $60m^2$，净高≥ 2.7m。		
		固定式水站安装仪器的单面连续墙面的净长度≥ 10m。		
		固定式水站质控间面积≥ $30m^2$。		
		固定式水站值班室面积≥ $20m^2$。		
		简易式站房面积≥ $40m^2$，是否配置质控室。		
		小型式站房面积≥ $2m^2$		

续表

检查内容	检查项目名称	技术要求	检查结论（合格打√，不合格打 ×）	备注
监测站房要求	结构	水站为砖房的，使用年限应满足至少 50 年，抗震基本烈度为 7 度。		
		水站为轻钢结构的，钢板厚度≥ 1mm，主体结构的中间夹层保温板厚度≥ 50mm，北方地区根据当地环境情况而定，其厚度≥ 75mm。		
	安全	站房外应设有院墙或一定的防护设施。		
		站房应设火灾自动报警及自动灭火装置，灭火范围应能覆盖所有设备。		
		采用感烟或感温两种探测器组合。		
		站房应设置防盗措施，门窗加装防盗网或红外报警系统。		
		大门设置门禁装置。		
	周围环境	站房周围水泥地面、平整干净、利于排雨水，适当绿化。		
	站房内部配置	应在站房指定位置预留进样水管口和排出水水管口、自来水管手阀接口。		
		预留地线汇流排。		
		潜水泵电缆线和进样水胶管同时从预留进样水管口引入仪器间。		
		质控间配置不小于 120L 的冷藏设备一台。		
		仪器间应配置办公桌椅一套。		
		辅助间应配置防酸碱实验台（1.5m~2m）、洗涤台、4 个实验凳。		
		室内地面应可以防水、防滑，最好铺设地面砖，应留有地漏。		
		根据实际需求，站房前端可选择设置可开合的透气百叶窗，站房侧面设置通风换气窗。		

续表

检查内容	检查项目名称	技术要求	检查结论（合格打√，不合格打 ×）	备注
监测站房要求	站房内部配置	站房能抵御 50 年一遇的洪水，同时能提供站房与被测河道（湖）位置平面示意图。		
		站房建设应委托有资质的施工单位负责施工，提供建设合同及图纸。		
		提供和审核水站系统的避雷和地线设计图纸，并提资质单位的具体检查和测量报告。		
道路	路况	与干线公路相通，通往水质自动监测站应有硬化道路，路宽≥ 3.0m，站房前有适量空地停放车辆。		
暖通	空调	根据仪器间面积选择配置合适大小的冷暖空调。		
		预留空调插座，室外机要保障安全。		
		具有来电自动复位功能。		
	暖器	室内温湿度要求：18~28℃。北方可采用有暖气或空调等。		
	去湿	室内注意防潮，南方必要时安装去湿装置，湿度 60% 以内。		
照明	室内照明	每 20m^2 配 2 盏以上 40W 日光节能灯。		
		仪器间非仪器设备安装墙面设 2~3 个插座。		
供电	电压容量	380V 三相五线 50HZ。		
		总容量按照站房全部用电设备实际用量的 1.5 倍计算。		
		供电稳定。		
		电的引入符合国标。		
	室内配电箱	配电箱在后墙面上为明箱或半明箱，箱上预留穿线孔，便于引出电源线接到仪器控制柜上。		
		分相应至少包含照明暖通、稳压给仪器和水泵。		

续表

检查内容	检查项目名称	技术要求	检查结论（合格打√，不合格打×）	备注
供电	室内配电箱	配电箱内必须有2个专用的三相空气开关4线63A（400V）（一备一用），3个双联空开构成三路220V电源，每路220V/25A。		
		总配电箱进行重复接地，零地相位差为零。		
		配电箱内或旁边位置应安装一级防雷模块。		
通信	宽带	水站网络带宽不低于20M，现场条件不具备光纤传输的情况下，可选用无线网络进行传输，满足监测数据传输要求。		
采水单元	采水方式	是否进行采水点位论证，并出具部监测司批复文件。		
		采水方式。	采水方式：	此处说明采水方式
	采水方式	如采水装置位于航道，是否设有警示标志。		
		采样装置的吸水口应设在水下0.5~1.0m范围内，并能够随水位变化适时调整位置。		
	采水管路	提供采水设计方案和工程图纸。		
		采水管路应采用惰性材料，保证不改变提供水样的代表性。		
		采水管道应具备防冻与保温功能，采水管道配置防冻保温装置，以减少环境温度等因素对水样造成影响。		
		采水管路不可加装单向阀等装置，阻碍系统反清洗功能。		
		采用可拆洗式采水管路，并装有活接头，易于拆卸和清洗。		

续表

检查内容	检查项目名称	技术要求	检查结论（合格打√，不合格打×）	备注
采水单元	水泵	采水系统应具备双泵/双管路轮换功能，配置双泵/双管路采水，一备一用。		
		可进行自动或手动切换，满足实时不间断监测的要求。		
		潜水泵：满足采水距离，具备安全的固定方式，能提供最大扬程、电压（380V或220V）和所需功率的参数。 自吸泵：满足采水距离，具备安全的固定地点，能提供最大吸程，所需扬程、电压（380V或220V）和所需功率的参数及采水头在水中的固定方法。		
给水	清洁水	站房内引入自来水（或井水）。		
		供水水量瞬时最大流量 $3m^3/h$，压力不小于 $0.5kg/cm^2$。		
		如水量、水压不满足时加高位水箱并有自动控制，必要时需加过滤装置。		
排水	排水口	排水直接排入市政管道或敷设排水管道到河流下游，距采水点下游20m以上。		
		总排口应高于河水最高水位。		
	保温	防冻保温，特别在冬季，排水口应保持排水通畅。		
	排水管	排水管直径DN150，按站房内要求建设，保证排水通畅。		
	污水	生活污水排到化粪池、市政管网等专门设施。		
	地排	仪器室内预留30cm深地沟，地沟上面加盖板（需便于取放），地沟的地漏和站房排水系统相连。		
水站防雷	防雷要求	水站和供电单元应设置防雷设施，设施具备三级电源防雷和通信防雷功能，应符合《建筑物防雷设计规范》（GB 50057—2010）的要求。		
		对建筑物、电力线（二级）、通信线路（光缆、电话）雷电入侵防护，安装防雷保护器。		

续表

检查内容	检查项目名称	技术要求	检查结论（合格打√，不合格打 ×）	备注
水站防雷	防雷要求	提供有资质的单位检测报告（每年需年检）或评估报告。		
	防雷保护	加装电源防雷保护器。		
		加装通信网络防雷保护器。		
系统接地	接地阻值	按地线制作要求做好地线。接地电阻小于 4Ω，仪器接地最好小于 1Ω。		
	接地端子	仪器间在设备安装区指定的位置留有地线汇流排（端子），在配电电源箱内预留地线接地端子（至少 3 个端子）。		

表 5-2　浮船船体及保障设施检查

检查项目名称	技术要求	检查结论（合格打√，不合格打 ×）	备注
浮船船体	由浮体平台（船体、浮柱、防撞装置等）、采水单元、分析单元、控制单元和辅助单元（太阳能供电单元、自动留样、安防装置等）等组成。具有防撞、阻浪、防腐蚀、防雷、抗电磁波干扰等功能。		
	船体长度不小于 5m，宽度不小于 4m，建议使用离子聚合胶泡沫材料、高强度玻璃钢、高分子聚乙烯等材料，具有耐腐蚀、耐高温、耐强阳光照射、抗冻裂；结构牢固，外力强烈撞击穿孔也不会下沉；绝缘性能好，抗吸水性强，不易被水中生物黏附等特点。		
	船体支架结构应采用坚固耐用防腐蚀的高规格不锈钢或者优质航空铝等材质，用以安装太阳能板、航标灯、无线传输天线等。		
	船体整体防护等级不低于 IP65。		
	电气仓安装于浮船内，便于外界设备装卸和维护，可进行板盖密封性检查。		
	船舱内环境温度低于 45℃，当船舱温度高于 45℃时应进行通风降温。		

续表

检查项目名称	技术要求	检查结论（合格打√，不合格打×）	备注
浮船船体	抗风等级≥ 8 级。		
	船体使用寿命≥ 5 年。		
	船体应设置踏板，方便维护人员进行维护。		
	支持不少于 2 人（200kg）同时登船作业。		
	提供浮船在被监测河、湖（库）位置的平面示意图。		
	提供浮船的详细结构图纸。		
锚定	船体锚定方式可根据现场水深、水文条件选择合适的单锚八字锚或双八字锚等锚定方式。		
	锚系材料应防腐、防磨损，锚链断裂强度应不小于 15 千牛顿，便于浮船的拖曳和维护。		
	锚可根据底质条件选用合适重量的霍尔锚、三角锚、沉石等。		
	锚绳或锚链可选用合适粗细的尼龙生丝、铁制锚链、丙纶等材质，锚绳或锚链长度不低于 1.5 倍最大水深。		
供电	具有低功耗和交直流两用功能。需配备市电、太阳能、风光互补等多种供电接口，设备供电接口满足 24V 供电，供电时间应为 24 小时不间断供电。		
	采用太阳能或风光互补供电方式时如天气出现异常情况无法连续供电超过 10 天时，供电系统应支持增加或更换现场的蓄电池或接入市电（220V），以保证电力供应正常。		
	供电时间≥ 10 天阴雨天气。		
	蓄电池寿命≥ 2 年。		
	太阳能使用寿命≥ 5 年。		
安防	安防应包括水上定位和警示设备、舱室漏水报警、防雷设计四部分。		
	最基本的水上定位和警示系统应具备航标警示灯、自动移位报警功能和全球定位功能。		

续表

检查项目名称	技术要求	检查结论（合格打√，不合格打 ×）	备注
安防	定位系统误差≤ 15m（95% 概率）。		
	船体应涂有防污、防锈和防生物附着等漆层，以提高整体使用寿命。		
	浮船站应加装避雷针，避雷针应高于浮船上所有的天线支架等设施至少 50cm，以避免在开阔水域被雷击而损坏设备。		
	系统和供电单元应设置防雷设施，设施具备船体、电源、信号三级电源防雷和通信防雷功能，应符合《建筑物防雷设计规范》（GB 50057—2010）的要求。		
	配备 3 套以上的水上救生用品（救生衣和救生圈）。		
视频监控	具有实时远程监控功能，可实现全方位、多视角、全天候式监控。		
	当出现非法闯入时，报警系统能唤醒摄像机进行视频录制并获取监控区域内清晰的监控图像。		
	视频监控前端存储，至少满足 1 个月的存储能力。		
	视频监控设备要求：最低分辨率为 1280 × 960，可输出实时图像；高效红外灯，照射距离不少于 20m；具有手机远程监控功能；具有移动侦测、动态分析、越界侦测和区域入侵侦测报警功能。		
采水	采水点位置应位于水下 0.5~1 米，采水箱应具有防堵塞装置和防生物附着措施。		
通信	采用无线通信，至少支持两个通信运营商 3/4G 网络。		
	采用虚拟专用网络（VPN）数据传输方式。		

（二）仪器设备验收

1. 仪器到货验收

依据合同对每台自动监测仪器设备、系统集成设备、数据平台硬件系统、数据采集控制系统等进行清点；按照装箱单核对具体设备、备件的出厂编号和数量；检查设备、备件的外观，对出现外观损坏的部位拍照并按合同约定进行处理。设备、备件外观和数量验收详见表 5–3。

表 5–3　设备、备件外观和数量验收

流域及水体名称：　　　　　　　　　　　　断面名称：

编号	仪器（设备）名称	生产厂商	出厂编号	合同订购数量	装箱单数量	实收数量	外观		资产编号	备注
							无损	受损		
1										
2										
3										
4										
5										
6										
7										
8										
9										
……										

注：1. 验收清点内容包括说明书；
2. 说明书应包括产品合格证、仪器安装使用说明书、软件使用说明书、仪器维护手册等。

验收人：　　　　　　供货人：　　　　　　审核人：　　　　　　审定人：

2. 仪器设备性能验收

仪器设备性能验收主要是针对仪器设备性能指标进行测试，每台设备都应在符合要求的环境中进行，检验指标和判定标准满足相关指标、有关标准及合同要求。验收的主要内容包括仪器设备性能检查、仪器设备功能检查、系统集成功能检查等（见表 5–4、表 5–5 及表 5–6）。

主要性能指标检查方法如下：

（1）准确度

准确度一般按规定浓度样品测定结果的相对误差进行检查，pH、溶解氧、温度按照绝对误差进行检查。

以相对误差检查准确度时，样品浓度为量程的50%。

相对误差的检查方法：测定6次检验浓度的样品，计算其均值与真值的相对误差，与相关指标要求进行比较。

$$RE=\frac{\bar{x}-C}{C}\times 100\%$$

式中：

RE——相对误差；

$\bar{x}$——6次测定平均值；

C——参照值（标准样品保证值或按标准方法配制的受控样品浓度值）。

绝对误差检查适用于pH、溶解氧、温度等项目。pH准确度检查按照pH=4.01、6.86和9.18（在25℃下）的样品进行检查；溶解氧准确度按照饱和浓度下测定结果进行检查；温度准确度采用两个不同水平的实际或者模拟样品，采用比对方法进行检查。

绝对误差检查方法：测定6次各量值的样品，计算单次测定值与参照值的绝对误差，以最大单次绝对误差与相关指标要求进行比较。

$$d=x_i-c$$

式中：

d——绝对误差；

x_i——第i次测定值；

c——参照值（标准样品保证值或按标准方法配制的受控样品量值）。

（2）精密度

精密度检查是对量程50%浓度测定结果的检查（pH、溶解氧、温度除外），以相对标准偏差判定。

精密度检查方法：计算每个样品连续测定6次结果相对标准偏差，并与相关指标要求进行比较。

$$RSD=\frac{\sqrt{\frac{1}{n-1}\sum_{i=1}^{n}(x_i-\bar{x})^2}}{\bar{x}}\times 100\%$$

式中：

RSD——相对标准偏差；

n——测定次数；

x_i——第 i 次测定值；

$\bar{x}$——测定均值。

（3）检出限

仪器的检出限采用实际测试方法获得。

测试方法：按照仪器方法 3 倍检出限浓度配制标准溶液或者空白样品，测定 8 次。

$$DL=2.998\times S$$

式中：

DL——检出限；

S——8 次平行样测定值的标准偏差。

（4）标准曲线

标准曲线检查以标准曲线相关系数为检查指标，并按照相关要求判定结果。

测试方法：按照仪器设定的量程，配制 0%、10%、20%、40%、60% 和 80% 共 6 个浓度的标准溶液按样品方式测试，计算标准曲线相关系数。

（5）加标回收率

加标回收率检查的项目包括：氨氮、总氮、总磷等，以加标回收率为检查指标，并按照相关要求判定结果。

测试方法：相同的样品取两份，其中一份加入定量的待测成分标准物质（加标物体积不得超过原始试样体积的 1%），加标样品结果与未加标样品结果的差值与加入标准物质的理论值之比即为加标回收率。

$$P=\frac{m_2-m_1}{m}\times 100\%$$

式中：

P——加标回收率；

m_2——加标的样品测试值；

m_1——未加标样品测试值；

m——加入标准物质的理论值。

（6）24 小时零点漂移

水质自动分析仪采用跨度值 0%~20% 的标准溶液为试样，以 24 小时为周期进行测试，仪器指示值在 24 小时前后的变化，不满足判定标准，前 24 小时数据为无效数据。

$$ZD=\frac{X_{zi}-X_{z(i-1)}}{S}\times 100\%$$

式中：

ZD——24 小时零点漂移；

X_{zi}——第 i 天标准溶液测量值，mg/L；

$X_{z(i-1)}$——第 i–1 天标准溶液测量值，mg/L；

S——仪器跨度值，一般为该指标水质类别限值的 2.5 倍。

（7）24 小时跨度漂移

水质自动分析仪采用跨度值 20%~80% 的标准溶液为试样，以 24 小时为周期进行测试，仪器指示值在 24 小时前后的变化，不满足判定标准，前 24 小时数据为无效数据。

$$SD=\frac{X_{si}-X_{s(i-1)}}{S}\times 100\%$$

式中：

SD——24 小时量程漂移；

X_{si}——第 i 天量程校正液测量值，mg/L；

$X_{s(i-1)}$——第 i–1 天量程校正液测量值，mg/L；

S——仪器跨度值，一般为该指标水质类别限值的 2.5 倍。

（8）24 小时零点核查与 24 小时跨度核查

仪器核查标样测试结果相对于真值的准确度，不满足判定标准，前 24 小时数据为无效数据。

绝对误差 $R=Xi-Xb$

相对误差 $RE=R/Xb\times100\%$

式中：

Xi——系统测定样品的测量数值，mg/L；

Xb——样品标准值，mg/L。

（9）实际水样比对

实际水样比对实验连续 3 天进行。采集瞬时样，每天于自动监测仪器采样时，人工间隔采样 6 次，每次采集 2 个水样（平行样），用于对比实验分析。比对实验应与自动监测仪器所分析的水样相同，若仪器需要过滤水样，则比对实验水样可采用相同过滤材料过滤（但不得改变水体中污染物的成分和浓度），并采用分样的方式，将一个样品分装至 2 个或 3 个采样瓶中，分别由自动监测仪器和实验室进行分析，计算实际水样比对相对误差，对结果进行判定。

$$RE=\frac{x_i-x_l}{x_l}\times100\%$$

式中：

x_i——自动监测仪器测定值；

x_l——比对实验的测定值（2 次测定平均值）。

（10）数据有效率

仪器分析数据分为有效数据和无效数据。有效数据是指经过仪器标样测试、手工分析、在线质控等方式确认符合要求的数据；无效数据是指经确认仪器故障、在线或非在线质控手段等方式产生的数据。当无法准确判定时，可标记为存疑数据，但必须在 24 小时内确定为有效数据或无效数据。定期进行数据有效率计算，即有效数据量占总数据量的百分比，数据有效率应大于 90%。

高锰酸盐指数、氨氮、总氮、总磷以 4 小时 / 次的监测频次运行，每日自动完成 24 小时零点标液核查、24 小时量程标液核查，每日 2：00 进行 24 小时零点标液核查测试，每日 3：00 进行 24 小时量程标液核查测试，24 小时零点标液核查、24 小时量程标液核查需符合要求，否则前 24 小时内水样监测数据均视为无效数据。五参数以 1 小时 / 次的监测频次运行，每周对 pH、溶解氧、电导率、浊度进行一次标准溶液核查并符合要求，否则上周水样监测数据均视为无效数据。所有参数进行数据有效率的统计。

数据有效率 =（获取的监测数据量 – 无效监测数据量）/ 应获取监测数据量 ×100%。

（11）示值误差

待仪器稳定运行后，分别测定氨氮浓度值为 0.5mg/L、1.0mg/L、2.0mg/L 的三种标准溶液，每种连续测定 6 次，按公式计算各次示值误差 Re。

$$Re=\frac{\bar{x}-C}{C}\times 100\%$$

式中：

Re——示值误差；

$\bar{x}$——6 次测量平均值，mg/L；

C——标准溶液的质量浓度值，mg/L。

（12）重复性

待仪器稳定运行后，分别测定氨氮浓度值为 0.5mg/L 和 2.0mg/L 的标准溶液，连续测定 6 次，按公式计算 6 次测定值的相对标准偏差，取两次相对标准偏差最大值作为仪器重复性的检测结果。

$$S_r=\frac{\sqrt{\frac{1}{n-1}\sum_{i=1}^{n}(x_i-\bar{x})^2}}{\bar{x}}\times 100\%$$

式中：

S_r——重复性；

x_i——第 i 次测量值，mg/L；

$\bar{x}$——6 次测量平均值，mg/L；

n——测量次数。

（13）记忆效应

仪器连续测量 3 次 2.0mg/L 标准溶液后（测定结果不做考核），再依次测量氨氮浓度值 0.5mg/L 和 2.0mg/L 的标准溶液各 7 次，分别计算两个标准溶液第 1 次测量值与后 6 次测量平均值的绝对误差为记忆效应 T，计算方法见公式。

$$T=X_1-\frac{X_2+X_3+X_4+X_5+X_6+X_7}{6}$$

式中：

T——记忆效应；

X_n——第 n 次测量值，mg/L。

（14）pH 干扰试验

在工作范围内，其他条件不变的情况下，采用浓度值为 50% 量程上限的标准溶液，调整标准溶液 pH 为 4 和 9，仪器分别测量原标准溶液，pH=4 的标准溶液和 pH=9 的标准溶液各 3 次，按照公式计算在 pH 变化引起的相对误差，其中相对误差较大者作为 pH 干扰试验的判定值。

$$\Delta A=\frac{A_i-A_s}{A_s}\times 100\%$$

式中：

ΔA——pH 干扰；

A_i——某 pH 条件下 3 次测量值的平均值，mg/L；

A_s——原标准溶液 3 次测量的平均值，mg/L。

（15）最小维护周期

在整个仪器监测周期中，任何两次对仪器的维护（包括倾倒废液、添加试剂、更换量程及其他维护维修）间隔≥ 168h。

表 5–4　仪器性能检查

仪器名称	技术指标	技术指标要求	试验方法	测试结果	测试结论（合格 / 不合格）
水温水质自动分析仪	分析方法	热电阻或热电偶法	/		
	检测范围	0℃ ~60℃	/		
	准确度	± 0.5℃	HJ 915—2017		
	最小维护周期	≥ 168h	（15）		

续表

仪器名称	技术指标	技术指标要求	试验方法	测试结果	测试结论（合格/不合格）
pH水质自动分析仪	分析方法	玻璃电极法	/		
	检测范围	pH=0~14	/		
	重复性	±0.1pH	HJ/T 96—2003		
	漂移（pH=9）	±0.1pH	HJ/T 96—2003		
	漂移（pH=7）	±0.1pH	HJ/T 96—2003		
	漂移（pH=4）	±0.1pH	HJ/T 96—2003		
	响应时间	≤ 30s	HJ/T 96—2003		
	温度补偿精度	±0.1pH	HJ/T 96—2003		
	数据有效率	≥ 80%	（10）		
	最小维护周期	≥ 168h	（15）		
	实际水样比对试验	±0.1pH	HJ 915—2017		
电导率水质自动分析仪	分析方法	电极法	/		
	最小检测范围	0~500mS/m（0~40℃）	/		
	重复性误差	±1%	HJ/T 97—2003		
	零点漂移	±1%	HJ/T 97—2003		
	量程漂移	±1%	HJ/T 97—2003		
	响应时间（T_{90}）	≤ 30s	HJ/T 97—2003		
	温度补偿精度	±1%	HJ/T 97—2003		
	数据有效率	≥ 80%	（10）		
	最小维护周期	≥ 168h	（15）		
	实际水样比对试验	±1%	HJ 915—2017		
浊度水质自动分析仪	分析方法	光散射法	/		
	检测范围	0~1000NTU 可调	/		
	重复性	±5%	HJ/T 98—2003		
	零点漂移	±3%	HJ/T 98—2003		
	量程漂移	±5%	HJ/T 98—2003		

续表

<table>
<tr><th>仪器名称</th><th colspan="2">技术指标</th><th colspan="2">技术指标要求</th><th colspan="2">试验方法</th><th>测试结果</th><th>测试结论（合格 / 不合格）</th></tr>
<tr><td rowspan="4">浊度水质自动分析仪</td><td colspan="2">线性误差</td><td colspan="2">± 5%</td><td colspan="2">HJ/T 98—2003</td><td></td><td></td></tr>
<tr><td colspan="2">数据有效率</td><td colspan="2">≥ 80%</td><td colspan="2">（10）</td><td></td><td></td></tr>
<tr><td colspan="2">最小维护周期</td><td colspan="2">≥ 168h</td><td colspan="2">（15）</td><td></td><td></td></tr>
<tr><td colspan="2">实际水样比对试验</td><td colspan="2">± 10%</td><td colspan="2">HJ 915—2017</td><td></td><td></td></tr>
<tr><td rowspan="10">溶解氧水质自动分析仪</td><td colspan="2">分析方法</td><td colspan="2">荧光法 / 电极法</td><td colspan="2">/</td><td></td><td></td></tr>
<tr><td colspan="2">检测范围</td><td colspan="2">0~20mg/L</td><td colspan="2">/</td><td></td><td></td></tr>
<tr><td colspan="2">重复性</td><td colspan="2">± 0.3mg/L</td><td colspan="2">HJ 915—2017</td><td></td><td></td></tr>
<tr><td colspan="2">零点漂移</td><td colspan="2">± 0.3mg/L</td><td colspan="2">HJ/T 99—2003</td><td></td><td></td></tr>
<tr><td colspan="2">量程漂移</td><td colspan="2">± 0.3mg/L</td><td colspan="2">HJ/T 99—2003</td><td></td><td></td></tr>
<tr><td colspan="2">响应时间（T_{90}）</td><td colspan="2">≤ 120s</td><td colspan="2">HJ/T 99—2003</td><td></td><td></td></tr>
<tr><td colspan="2">温度补偿精度</td><td colspan="2">± 0.3mg/L</td><td colspan="2">HJ/T 99—2003</td><td></td><td></td></tr>
<tr><td colspan="2">数据有效率</td><td colspan="2">≥ 80%</td><td colspan="2">（10）</td><td></td><td></td></tr>
<tr><td colspan="2">最小维护周期</td><td colspan="2">≥ 168h</td><td colspan="2">（15）</td><td></td><td></td></tr>
<tr><td colspan="2">实际水样比对试验</td><td colspan="2">± 0.3mg/L</td><td colspan="2">HJ 915—2017</td><td></td><td></td></tr>
<tr><td rowspan="12">高锰酸盐指数水质自动分析仪</td><td colspan="2">分析方法</td><td colspan="2">高锰酸钾氧化法</td><td colspan="2">/</td><td></td><td></td></tr>
<tr><td colspan="2">检测范围</td><td colspan="2">0~20mg/L 可调</td><td colspan="2">/</td><td></td><td></td></tr>
<tr><td colspan="2">葡萄糖试验</td><td colspan="2">± 5%（测量误差）</td><td colspan="2">HJ/T 100—2003</td><td></td><td></td></tr>
<tr><td colspan="2">重复性</td><td colspan="2">± 5%</td><td colspan="2">HJ/T 100—2003</td><td></td><td></td></tr>
<tr><td colspan="2">检出限</td><td colspan="2">≤ 0.5mg/L</td><td colspan="2">HJ 915—2017</td><td></td><td></td></tr>
<tr><td rowspan="4">数据有效率</td><td>24 小时零点漂移</td><td>± 10%</td><td rowspan="4">≥ 80%</td><td>（6）</td><td rowspan="4">（10）</td><td rowspan="4"></td><td rowspan="4"></td></tr>
<tr><td>24 小时跨度漂移</td><td>± 10%</td><td>（7）</td></tr>
<tr><td>24 小时零点核查</td><td>± 1.5mg/L</td><td>（8）</td></tr>
<tr><td>24 小时跨度核查</td><td>± 10%</td><td>（8）</td></tr>
<tr><td colspan="2">加标回收率测定</td><td colspan="2">80%~120%</td><td colspan="2">（5）</td><td></td><td></td></tr>
<tr><td colspan="2">最小维护周期</td><td colspan="2">≥ 168h</td><td colspan="2">（15）</td><td></td><td></td></tr>
<tr><td colspan="2">实际水样比对试验</td><td colspan="2">（9）</td><td colspan="2">HJ 915—2017</td><td></td><td></td></tr>
</table>

续表

<table>
<tr><th>仪器名称</th><th colspan="2">技术指标</th><th colspan="2">技术指标要求</th><th colspan="2">试验方法</th><th>测试结果</th><th>测试结论（合格 / 不合格）</th></tr>
<tr><td rowspan="17">氨氮水质自动分析仪</td><td colspan="2">分析方法</td><td colspan="2">纳氏试剂分光光度法
水杨酸分光光度法
氨气敏电极法</td><td colspan="2">/</td><td></td><td></td></tr>
<tr><td colspan="2">检测范围</td><td colspan="2">0~10mg/L</td><td colspan="2">/</td><td></td><td></td></tr>
<tr><td colspan="2" rowspan="3">示值误差</td><td colspan="2">标准浓度为 0.5mg/L 时
误差≤ ± 12.0%</td><td colspan="2" rowspan="3">（11）</td><td></td><td></td></tr>
<tr><td colspan="2">标准浓度为 1mg/L 时
误差≤ ± 10.0%</td><td></td><td></td></tr>
<tr><td colspan="2">标准浓度为 2mg/L 时
误差≤ ± 8.0%</td><td></td><td></td></tr>
<tr><td colspan="2">重复性</td><td colspan="2">≤ 2.0%</td><td colspan="2">（12）</td><td></td><td></td></tr>
<tr><td colspan="2" rowspan="2">记忆效应</td><td colspan="2">标准浓度为 0.5mg/L 时
误差≤ ± 12.0%</td><td colspan="2" rowspan="2">（13）</td><td></td><td></td></tr>
<tr><td colspan="2">标准浓度为 2mg/L 时
误差≤ ± 8.0%</td><td></td><td></td></tr>
<tr><td colspan="2">检出限</td><td colspan="2">≤ 0.05mg/L</td><td colspan="2">HJ 915—2017</td><td></td><td></td></tr>
<tr><td colspan="2">pH 干扰试验</td><td colspan="2">± 6.0%</td><td colspan="2">（14）</td><td></td><td></td></tr>
<tr><td colspan="2">实际水样比对试验</td><td colspan="2">（9）</td><td colspan="2">HJ 915—2017</td><td></td><td></td></tr>
<tr><td rowspan="4">数据有效率</td><td>24 小时零点漂移</td><td>± 10%</td><td rowspan="4">≥ 80%</td><td>（6）</td><td rowspan="4">（10）</td><td rowspan="4"></td><td rowspan="4"></td></tr>
<tr><td>24 小时跨度漂移</td><td>± 10%</td><td>（7）</td></tr>
<tr><td>24 小时零点核查</td><td>± 0.2mg/L</td><td>（8）</td></tr>
<tr><td>24 小时跨度核查</td><td>± 10%</td><td>（8）</td></tr>
<tr><td colspan="2">加标回收率测定</td><td colspan="2">80%~120%</td><td colspan="2">（5）</td><td></td><td></td></tr>
<tr><td colspan="2">最小维护周期</td><td colspan="2">≥ 168h</td><td colspan="2">（15）</td><td></td><td></td></tr>
<tr><td rowspan="4">总磷水质自动分析仪</td><td colspan="2">分析方法</td><td colspan="2">钼酸铵分光光度法</td><td colspan="2">/</td><td></td><td></td></tr>
<tr><td colspan="2">检测范围</td><td colspan="2">0–2mg/L</td><td colspan="2">/</td><td></td><td></td></tr>
<tr><td colspan="2">直线性</td><td colspan="2">± 10%</td><td colspan="2">HJ 915—2017</td><td></td><td></td></tr>
<tr><td colspan="2">重复性</td><td colspan="2">± 10%</td><td colspan="2">HJ/T 103—2003</td><td></td><td></td></tr>
</table>

续表

<table>
<tr><th>仪器名称</th><th colspan="2">技术指标</th><th colspan="2">技术指标要求</th><th colspan="2">试验方法</th><th>测试结果</th><th>测试结论（合格 / 不合格）</th></tr>
<tr><td rowspan="8">总磷水质自动分析仪</td><td colspan="2">检出限</td><td colspan="2">≤ 0.01mg/L</td><td colspan="2">HJ 915—2017</td><td></td><td></td></tr>
<tr><td colspan="2">最小维护周期</td><td colspan="2">≥ 168h</td><td colspan="2">（15）</td><td></td><td></td></tr>
<tr><td rowspan="4">数据有效率</td><td>24 小时零点漂移</td><td>± 10%</td><td rowspan="4">≥ 80%</td><td>（6）</td><td rowspan="4">（10）</td><td rowspan="4"></td><td rowspan="4"></td></tr>
<tr><td>24 小时跨度漂移</td><td>± 10%</td><td>（7）</td></tr>
<tr><td>24 小时零点核查</td><td>± 0.03mg/L</td><td>（8）</td></tr>
<tr><td>24 小时跨度核查</td><td>± 10%</td><td>（8）</td></tr>
<tr><td colspan="2">加标回收率测定</td><td colspan="2">80%~120%</td><td colspan="2">（5）</td><td></td><td></td></tr>
<tr><td colspan="2">实际水样比对试验</td><td colspan="2">（9）</td><td colspan="2">HJ 915—2017</td><td></td><td></td></tr>
<tr><td rowspan="12">总氮水质自动分析仪</td><td colspan="2">分析方法</td><td colspan="2">碱性过硫酸钾消解 – 紫外分光光度法</td><td colspan="2">/</td><td></td><td></td></tr>
<tr><td colspan="2">检测范围</td><td colspan="2">0~20mg/L</td><td colspan="2">/</td><td></td><td></td></tr>
<tr><td colspan="2">直线性</td><td colspan="2">± 10%</td><td colspan="2">HJ/T 102—2003</td><td></td><td></td></tr>
<tr><td colspan="2">重复性</td><td colspan="2">± 10%</td><td colspan="2">HJ/T 102—2003</td><td></td><td></td></tr>
<tr><td colspan="2">检出限</td><td colspan="2">≤ 0.1mg/L</td><td colspan="2">HJ 915—2017</td><td></td><td></td></tr>
<tr><td colspan="2">最小维护周期</td><td colspan="2">≥ 168h</td><td colspan="2">（15）</td><td></td><td></td></tr>
<tr><td rowspan="4">数据有效率</td><td>24 小时零点漂移</td><td>± 10%</td><td rowspan="4">≥ 80%</td><td>（6）</td><td rowspan="4">（10）</td><td rowspan="4"></td><td rowspan="4"></td></tr>
<tr><td>24 小时跨度漂移</td><td>± 10%</td><td>（7）</td></tr>
<tr><td>24 小时零点核查</td><td>± 0.3mg/L</td><td>（8）</td></tr>
<tr><td>24 小时跨度核查</td><td>± 10%</td><td>（8）</td></tr>
<tr><td colspan="2">加标回收率测定</td><td colspan="2">80%~120%</td><td colspan="2">（5）</td><td></td><td></td></tr>
<tr><td colspan="2">实际水样比对试验</td><td colspan="2">（9）</td><td colspan="2">HJ 915—2017</td><td></td><td></td></tr>
<tr><td rowspan="6">藻密度水质自动分析仪</td><td colspan="2">分析方法</td><td colspan="2">荧光法、分光光度法</td><td colspan="2">/</td><td></td><td></td></tr>
<tr><td colspan="2">检测范围</td><td colspan="2">0~200000cells/mL</td><td colspan="2">/</td><td></td><td></td></tr>
<tr><td colspan="2">准确度</td><td colspan="2">± 10%</td><td colspan="2">HJ 915—2017</td><td></td><td></td></tr>
<tr><td colspan="2">重复性</td><td colspan="2">≤ 5%</td><td colspan="2">HJ 915—2017</td><td></td><td></td></tr>
<tr><td colspan="2">检出限</td><td colspan="2">≤ 200cells/mL</td><td colspan="2">HJ 915—2017</td><td></td><td></td></tr>
<tr><td colspan="2">最小维护周期</td><td colspan="2">≥ 168h</td><td colspan="2">（15）</td><td></td><td></td></tr>
</table>

续表

仪器名称	技术指标	技术指标要求	试验方法	测试结果	测试结论（合格 / 不合格）
叶绿素 a 水质自动分析仪	分析方法	荧光法	/		
	检测范围	0~500μg/L	/		
	准确度	± 10%	HJ 915—2017		
	重复性	≤ 5%	HJ 915—2017		
	检出限	≤ 0.1μg/L	HJ 915—2017		
	最小维护周期	≥ 168h	（15）		

表 5–5　仪器功能检查表

<table>
<tr><th>序号</th><th>技术要求</th><th colspan="2">检测方法</th><th>检查结论（合格打√，不合格打 ×）</th><th>备注</th></tr>
<tr><td>1</td><td>具有分析仪器过程日志记录功能。</td><td colspan="2">通过仪器软件查看数据对应的仪器日志。</td><td></td><td></td></tr>
<tr><td>2</td><td>存储不少于 1 年的原始数据。</td><td colspan="2">查阅说明书</td><td></td><td></td></tr>
<tr><td>3</td><td>存储不少于 1 年的运行日志。</td><td colspan="2">查阅说明书</td><td></td><td></td></tr>
<tr><td>4</td><td>能接受远程控制指令。</td><td colspan="2">通过平台向仪器发送测试命令，确认仪器是否执行该命令。</td><td></td><td></td></tr>
<tr><td>5</td><td>高锰酸盐指数、氨氮、总磷和总氮水质自动分析仪器进行 24 小时零点漂移和 24 小时量程漂移自动核查、零点校准、标样校准等质控功能。</td><td colspan="2">查验仪器是否具备上述功能，并进行相关测试。</td><td></td><td></td></tr>
<tr><td>6</td><td>具有仪器运行周期（连续或间歇）设置功能。</td><td colspan="2">查验仪器是否有相关模式并可设置。</td><td></td><td></td></tr>
<tr><td rowspan="4">7</td><td rowspan="4">具有异常信息记录、上传功能。</td><td rowspan="4">模拟相关故障，查询仪器和控制单元是否有相应故障记录。</td><td>零部件故障</td><td></td><td rowspan="4"></td></tr>
<tr><td>超量程报警</td><td></td></tr>
<tr><td>缺试剂报警</td><td></td></tr>
<tr><td>超标报警</td><td></td></tr>
</table>

续表

序号	技术要求	检测方法		检查结论（合格打√，不合格打×）	备注
8	具有仪器状态（如测量、空闲、故障、维护等）显示。	模拟各种状态确认			
9	具有 RS232、RS485 标准通信接口。				
10	水质自动分析仪器（常规五参数外）应具有三级管理权限。	提供三级管理权限登录账号密码，并进行登录测试。			
11	必须支持《地表水自动监测仪器通信协议技术要求》(高锰酸盐指数、氨氮、总磷和总氮)。	通过控制单元向仪器设备发送命令，检查是否执行。	零点核查		
			跨度核查		
			加标回收率测试（浮船不作要求）		
			停止仪器测试		
			清洗仪器		
			留样器启动（浮船不作要求）		
12	监测频次 4 个小时 1 次，所有仪器应具备 1 小时 1 次的监测能力。	查验仪器测试流程是否在 1 小时内完成。			

表 5–6　系统集成功能检查表

项目	技术要求	检测方法	检查结论（合格打√，不合格打×）		备注
基本要求	具有异常信息记录、上传功能。	模拟相关故障，查阅工控机是否有相应的数据标识和日志记录。	部件故障		
			超量程报警		
			超标报警		
			缺试剂报警		

续表

项目	技术要求	检测方法	检查结论（合格打√，不合格打 ×）		备注
基本要求	具有仪器及系统运行周期（连续或间歇）设置功能，至少具备常规、应急、质控等多种运行模式。	查验是否有相关模式并可设置测试。			
	系统集成管路具备断电再度通电后自动排空水样、自动清洗管路、自动复位到待机状态的功能。	模拟断电情况，测试相关功能是否执行到位。			
	必须支持《地表水监测系统通信协议技术要求》。	核对仪器、控制系统、平台数据是否一致。	查看监测数据与现场端是否一致		
		调阅核对平台日志与现场仪器日志。	查看数据标识是否正确		
		查看数据日志与现场端是否一致	通过平台确认报警信息与现场报警信息是否一致。		
		核查仪器历史数据标识与仪器日志信息是否一致。	能否通过平台查看报警信息		
	具有仪器关键参数上传、远程设置功能。	通过平台进行查验	消解温度		
			显色时间		
			量程上限		
			消解时间		
			静止时间		
			校准系数		
			工作曲线		
			工作曲线相关系数		
			测试信号值		

续表

<table>
<tr><th>项目</th><th>技术要求</th><th>检测方法</th><th colspan="2">检查结论（合格打√，不合格打 ×）</th><th>备注</th></tr>
<tr><td rowspan="12">基本要求</td><td rowspan="7">能接受远程控制指令。</td><td rowspan="7">通过平台进行查验</td><td>启动采水</td><td></td><td></td></tr>
<tr><td>水样测试</td><td></td><td></td></tr>
<tr><td>加标回收率测试（浮船不作要求）</td><td></td><td></td></tr>
<tr><td>远程调整摄像头角度</td><td></td><td></td></tr>
<tr><td>清洗管路</td><td></td><td></td></tr>
<tr><td>零点核查测试</td><td></td><td></td></tr>
<tr><td>跨度核查测试</td><td></td><td></td></tr>
<tr><td>能够按照设定周期或远程接受指令，实现对高锰酸盐指数、氨氮、总磷和总氮水质自动分析仪器进行标样自动核查、平行样品自动测试、自动加标回收率测试（加标回收浮船不作要求）等质控功能。</td><td>现场查看，通过平台进行查看相关数据。</td><td colspan="2"></td><td></td></tr>
<tr><td>在异常情况下自动留样功能（浮船不作要求）。</td><td>设定超标范围，模拟数据超标，检查留样器是否启动留样。</td><td colspan="2"></td><td></td></tr>
<tr><td>确保仪器、系统运行的监测数据和状态信息等稳定传输。</td><td></td><td colspan="2"></td><td></td></tr>
<tr><td>系统应具有良好的扩展性和兼容性，根据实际应用需要，可增加新的监测参数，并方便仪器安装与接入。</td><td>查验控制系统是否有空闲数据接口。</td><td colspan="2"></td><td></td></tr>
<tr><td>具有分析仪器及系统过程日志记录和环境参数记录功能，并能够上传至中心平台。</td><td>通过平台查验是否有相关记录。</td><td colspan="2"></td><td></td></tr>
</table>

续表

项目	技术要求	检测方法	检查结论（合格打√，不合格打 ×）	备注
配水及预处理单元要求	配水管路设计合理，流向清晰，便于维护；保证仪器分析测试的水样应能代表断面水质情况，并满足仪器测试需求。			
	所选管材机械强度及化学稳定性好、使用寿命长、便于安装维护，不会对水样水质造成影响；管路内径、压力、流量、流速满足仪器分析需要，并留有余量。			
	配水单元的所有操作均可通过控制单元实现运行控制，并可以接受平台端的远程控制。	通过平台及控制系统测试配水单元各命令。		
	能配合系统实现水样自动分配、自动预处理、故障自动报警、关键部件工作状态的显示和反控等功能。	查验是否具备相关功能，并进行测试。		
	配水主管路采用串联方式，各仪器之间管路采用并联方式，每台仪器从各自的取样杯中取水，任何仪器的配水管路出现故障不能影响其他仪器的测试。	模拟单台仪器配水管路故障，进行测试。		
	五参数检测池、预处理装置单元和配水单元等均具有自动清洗功能。	测试相关清洗功能。		
	针对不同分析仪器（五参数、高锰酸盐指数、氨氮、总磷、总氮）分别进行水样预处理。	五参数不经过预处理，其余参数通过系统预处理。		
	具备可扩展功能，水站预留不少于 4 台设备的接水口、排水口以及水样比对实验用的手动取水口。	查验是否具备相关。		

续表

项目	技术要求	检测方法	检查结论（合格打√，不合格打 ×）	备注
配水及预处理单元要求	配水单元具备自动反清（吹）洗功能，防止菌类和藻类等微生物对样品污染或对系统工作造成不良影响。	测试自动反清（吹）洗功能。		
	针对泥沙较大水体、暴雨期间、泄洪、丰水期变化大等浊度影响较大的情况，系统应针对性地设计预处理旁路系统，并具备自动切换预处理系统工作功能。	查验是否有预处理旁路系统，并能自动切换。		
控制单元	必须支持中文显示，操作方便。			
	具有断电保护功能，能够在断电时保存系统参数和历史数据，在来电时自动恢复系统。	模拟断电测试。		
	具备自动采集数据功能，包括自动采集水质自动分析仪器数据、集成控制数据等，采集的数据应自动添加数据标识，异常监测数据能自动识别，并主动上传至中心平台。	平台查验是否有相关监测数据标识。		
	实现对单一控制点（阀、泵等）进行调试，对采水单元、配水及预处理单元、分析单元等的控制，并将控制点状态信息，以及水泵的开关状态等记录和显示（浮船不作要求）。	单点控制各个泵阀，查看状态。		
	具备对自动分析仪器的启停、校时、校准、质控测试等控制功能。	使用控制系统给仪器发送相关指令。		
	控制器输入输出接口余量有不少于 4 路，以便以后扩展。	查看是否具备。		
	控制器符合抗电磁辐射、电磁感应的相关规定，具备电源隔离和信号隔离措施。	查看是否具备。		

续表

项目	技术要求	检测方法	检查结论（合格打√，不合格打 ×）	备注
控制单元	具备对留样单元的留样、排样的控制功能（浮船不作要求）。	使用控制系统测试留样单元相关功能。		
	能够兼容视频监控设备并能实现对视频设备进行校时、重新启动、参数设置、软件升级、远程维护等。	进行查验测试。		
	具备参数设置功能，能够对小数位、单位、仪器测定上下限、报警（超标）上下限等参数进行设置。	检查控制软件是否有相关设置项。		
	具备各仪器监测结果、状态参数、运行流程、报警信息等显示的功能。	查验控制系统是否有相关功能显示。		
	具有三级权限管理功能。	提供三级管理权限，并进行登录测试。		
	具有监测数据查询、导出、自动备份功能，可分类查询水质周期数据、质控数据［空白测试数据、标样核查数据、加标回收率数据（加标回收浮船不作要求）等］及其对应的仪器、系统日志流程信息。	查阅控制系统是否具备。		
	具有监测数据查询功能、数据分类功能，存储不少于 1 年的原始数据和运行日志。	查阅说明书。		
	采集自动分析仪器的监测数据，并分类保存。	查阅分类数据。		
	采集自动分析仪器和集成系统各单元的工作状态量，并以运行日志的形式记录保存。	查阅日志。		
	能够实时采集视频信息并传输至中心平台。	通过平台进行确认。		

续表

<table>
<tr><th>项目</th><th colspan="3">技术要求</th><th>检测方法</th><th>检查结论（合格打√，不合格打 ×）</th><th>备注</th></tr>
<tr><td rowspan="8">控制单元</td><td colspan="3">采用无线、有线的通信方式满足数据传输要求。</td><td>说明传输方式。</td><td></td><td>传输是否稳定</td></tr>
<tr><td colspan="3">具备对通信链路的自动诊断功能，具备超时补发功能。</td><td>检查通信状态显示及断网后重新连接后补发情况。</td><td></td><td></td></tr>
<tr><td rowspan="6">工业控制计算机</td><td>CPU</td><td>≥ 2.0GHz</td><td rowspan="6">现场查验。</td><td></td><td></td></tr>
<tr><td>内存</td><td>≥ 2GB</td><td></td><td></td></tr>
<tr><td>硬盘容量</td><td>≥ 500GB</td><td></td><td></td></tr>
<tr><td>显示器</td><td>≥ 12 英寸</td><td></td><td></td></tr>
<tr><td rowspan="2">通信接口</td><td>RS232/485 COM 口，不小于 8 个</td><td></td><td></td></tr>
<tr><td>网口，不少于 2 个</td><td></td><td></td></tr>
<tr><td rowspan="6">留样单元</td><td colspan="3">所留水样需在（4±2）℃低温保存。</td><td>现场查验。</td><td></td><td></td></tr>
<tr><td colspan="3">留样瓶具有密封功能</td><td>测试密封功能</td><td></td><td></td></tr>
<tr><td colspan="3">留样瓶由惰性材料制成，易清洗，留样瓶≥ 12 个瓶，容量≥ 500mL</td><td>现场查验</td><td></td><td></td></tr>
<tr><td colspan="3">具有留样后自动排空的功能。</td><td>测试排空功能</td><td></td><td></td></tr>
<tr><td colspan="3">配置门禁系统。</td><td>现场查验</td><td></td><td></td></tr>
<tr><td colspan="3">具有留样失败报警功能。</td><td>模拟留样失败是否报警</td><td></td><td></td></tr>
<tr><td rowspan="2">辅助单元</td><td colspan="3">配备废液自动处理单元或废液收集单元，满足两周以上废液量的收集。</td><td>通过仪器两周废液量及配备收集装置进行确认。</td><td></td><td></td></tr>
<tr><td colspan="3">配备 UPS（总功率≥ 3kW，断电后至少能保证仪器完成一个测量周期和数据上传，且待机不少于 1h）、三相稳压电源（功率≥ 10kW）（浮船不作要求）。</td><td>现场模拟测验</td><td></td><td></td></tr>
</table>

续表

<table>
<tr><th>项目</th><th colspan="2">技术要求</th><th>检测方法</th><th>检查结论（合格打√，不合格打 ×）</th><th>备注</th></tr>
<tr><td rowspan="6">辅助单元</td><td colspan="2">配备站房门禁系统，并自动记录站房出入情况。</td><td>查验是否具备</td><td></td><td></td></tr>
<tr><td colspan="2">为保证系统稳定、可靠运行，必须具有电源、信号等设施的三级防雷措施。</td><td>查验是否具备</td><td></td><td></td></tr>
<tr><td colspan="2">具备自动灭火装置，采用悬挂式灭火器，灭火材料须对人体和设备无害（浮船不作要求）。</td><td>查验是否具备</td><td></td><td></td></tr>
<tr><td colspan="2">根据规范要求，保证分析仪器运行时所用的化学试剂处于4±2℃低温保存（浮船不作要求）。</td><td>查验是否具备</td><td></td><td></td></tr>
<tr><td colspan="2">能够采集蓄电池组电量信息，具有低电量报警功能（固定站不作要求）。</td><td></td><td></td><td></td></tr>
<tr><td colspan="2">具有非法接近报警、舱室漏水报警、温度异常报警和开仓报警等功能（固定站不作要求）。</td><td></td><td></td><td></td></tr>
<tr><td rowspan="7">VPN</td><td>网络接口</td><td>4 个千兆电口</td><td></td><td></td><td></td></tr>
<tr><td>防火墙吞吐量</td><td>≥ 150Mbps</td><td></td><td></td><td></td></tr>
<tr><td>最大并发会话数</td><td>≥ 35 万</td><td></td><td></td><td></td></tr>
<tr><td>SSLVPN 加密速度</td><td>≥ 100Mbps</td><td></td><td></td><td></td></tr>
<tr><td>并发 SSL 用户数</td><td>≥ 300 个</td><td></td><td></td><td></td></tr>
<tr><td>IPSecVPN 加密速度</td><td>≥ 55Mbps</td><td></td><td></td><td></td></tr>
<tr><td>IPSecVPN 隧道数</td><td>≥ 300</td><td></td><td></td><td></td></tr>
</table>

续表

项目	技术要求		检测方法	检查结论（合格打√，不合格打 ×）	备注
VPN	产品尺寸	标准 1U 架构			
	电源	单电源			
	功能	支持基于 TCP、UDP、ICMP 的应用；完整支持主流操作系统（Windows、Linux、Mac）；支持 IE、Firefox、Safari、Google Chrome、Opera 等主流浏览器；全面支持智能手机、移动终端；支持主流商业加密算法与国密算法；支持虚拟安全桌面；支持跨平台文件共享			

3. 数据传输及数据平台验收

在自动监测仪器设备性能验收合格的前提下，检查自动监测系统数据传输、数据平台功能、软件性能等指标是否达到国家标准及合同有关技术指标的要求。

五、验收报告

（一）站房及外部保障设施验收报告

站房验收报告包括：验收依据、站房基本情况、现场调查（站房及外部保障设施）、验收意见。附件应包含以下内容：

1. 建设单位工程质量保证材料，包括：安装施工组织方案（工程概况、主要施工方法和质量保证措施、安全措施等）；技术交底记录、技术复核记录、施工日记等复印件；主要建筑材料（钢材、水泥、砖、防水材料、其他材料等）的出厂合格证和检验报告、砂浆和混凝土配合比报告、抗压强度检验报告、地基铲探记录表、位置图、验槽记录等的复印件；配电箱、插座开关等通电检查记录、通电试运行记录、测试记录、电器系统试验记录，防雷及接地装置电气工程、配电箱、管道隐蔽工程、照明装置等验收记录表；给排水工程、给排水管道及配件、卫生器具等的安装记录、通水测试记录、验收记录表。

2. 竣工验收报告、验收申请报告、评估报告、竣工移交证书等。

3. 防雷检测合格报告。

4. 站房图片集，包括站房、供水（水塔）、供电（变压器）、试验台、配套设施（生活间）等的图片。

5. 征地（租地）合同复印件、建设工程施工合同、验收整改情况复印件、站房验收的相关文件（站房建设过程中涉及的各类审批文件）。

（二）系统及自动监测仪器设备验收报告

1. 设备接收时间和设备清单；

2. 水站设置情况，包括：按照相关规范和技术要求，说明水站位置设置、采样位置水深、水站周围情况；

3. 仪器设备安装调试情况，包括：合同确定的技术性能指标、单机检测结果和记录、试运行结果和记录；

4. 水站和数据平台运行情况，包括：合同要求提供的软件功能、软件测试和运行结果及记录；

5. 水站与数据平台的数据传输情况；

6. 系统仪器设备故障情况、故障次数统计和处理情况；

7. 有效数据获取率；

8. 存在问题和建议；

9. 验收结论。

第六章　山东省地表水水质自动监测系统运行管理

第一节　常用自动监测仪器介绍

一、五参数分析仪

（一）概况

1. 五参数定义

水质五参数是指评价水质的五种参数，分别为：水温、pH、溶解氧、电导率和浊度五项参数。

2. 五参数单位

水温（℃）、pH（无量纲）、溶解氧（mg/L）、电导率（μS/cm）、浊度（NTU）。

3. 五参数在线监测仪表常用量程及水体常规值（表 6-1）

表 6-1　五参数在线监测仪表常用量程及水体常规值

项目	在线仪表常用量程	水体常规经验值（Ⅰ类～Ⅴ类）	备注
pH	0~14	6~9	Ⅰ类～Ⅴ类标准可参考 GB3838 标准
水温	0℃～60℃	0℃～40℃	—
溶解氧	0mg/L~60mg/L	2mg/L~15mg/L	Ⅰ类～Ⅴ类标准可参考 GB3838 标准

续表

项目	在线仪表常用量程	水体常规经验值（Ⅰ类～Ⅴ类）	备注
电导率	10μS/cm~500mS/cm	10μS/cm~200mS/cm	—
浊度	0NTU~4000NTU	10NTU~4000NTU（或更高）	—

（二）五参数分析仪介绍

1.pH（玻璃电极法）

定义：水中氢离子活度的负对数。

表示：pH = –lg（H^+）；

pH 用于测定水溶液的酸碱度；

pH 表示水中氢离子浓度的参数；

酸性—随着氢离子浓度的增加而增加；

碱性—随着氢氧根离子的浓度的增加而增加。

天然水的 pH 多在 6~9 范围内，这也是我国污水排放标准中的 pH 控制范围，因此 pH 是水化学中常用的和重要的检验项目之一。由于 pH 受水温影响而变化，测定时应注意温度的影响。通常采用玻璃电极法和比色法（实验室）测定水中 pH。

目前 pH 在线监测仪中的传感器普遍采用将指示电极和参比电极组装在一个探头壳体中的复合电极，通过测量指示电极和参比电极之间的电位来实现 pH 的测定。

电极在接触溶液时，其玻璃膜上会形成一个随 pH 变化而变化的电势，且该电势需另一个恒定的电势来进行比较，这个恒定电势是由参比电极来提供的，它不会因溶液中 pH 的大小而变化。

pH 电极不应暴露在空气中，会加速其使用寿命，使电极失效。

2. 水温（热敏电阻 / 热电阻法）

水的物理化学性质与水温有密切关系。水中溶解性气体（如氧、二氧化碳等）的溶解度、水生生物和微生物活动、化学和生物化学反应速度及盐度、pH 等都受水温变化的影响。

水温作为现场监测的项目之一，常用 pH 内置的温度元件（热敏电阻 / 热电阻）进行测量。

（1）热敏电阻：利用半导体的热敏性制成的电阻，采用 NTC 温度探头法进行监测。利用 NTC 热敏电阻在一定的测量功率下，电阻值随着温度上升而迅速下降。

（2）热电阻：是中低温区最常用的一种温度检测器。它的主要特点是测量精度高，性能稳定。其中铂热电阻的测量精确度是最高的，它不仅被广泛应用于工业测温，而且被制成标准的基准仪。

3. 溶解氧（膜电极法 / 荧光淬灭法）

定义：溶解在水中的分子态氧称为溶解氧。

天然水的溶解氧含量取决于水体与大气中氧的平衡，溶解氧的饱和含量和空气中氧的分压、大气压力、水温、含盐量等有密切关系，清洁的地表水溶解氧一般接近饱和。

以下给出水中氧的溶解度与温度和压力的关系：

（1）作为温度和含盐量函数的氧的溶解度（表 6–2）

①表中第二栏给出纯水中氧的溶解度，以每升水中氧的毫克数表示，纯水存在被水蒸气饱和的空气，空气中含有 20.94% 的氧，压力为 101.3kPa。

②表中第三栏给出含盐量为 1g/kg 时氧溶解度的变化量。

表 6–2　作为温度和含盐量函数的氧的溶解度

温度（℃）	溶解氧（mg/L）	溶解氧的变化量（mg/L）	温度（℃）	溶解氧（mg/L）	溶解氧的变化量（mg/L）
0	14.62	0.0875	20	9.09	0.0475
1	14.22	0.0843	21	8.91	0.0464
2	13.83	0.0818	22	8.74	0.0453

续表

温度（℃）	溶解氧（mg/L）	溶解氧的变化量（mg/L）	温度（℃）	溶解氧（mg/L）	溶解氧的变化量（mg/L）
3	13.46	0.0789	23	8.58	0.0443
4	13.11	0.0760	24	8.42	0.0432
5	12.77	0.0739	25	8.26	0.0421
6	12.45	0.0714	26	8.11	0.0407
7	12.14	0.0693	27	7.97	0.0400
8	11.84	0.0671	28	7.83	0.0389
9	11.56	0.0650	29	7.69	0.0382
10	11.29	0.0632	30	7.56	0.0371
11	11.03	0.0614	31	7.43	
12	10.78	0.0593	32	7.30	
13	10.54	0.0582	33	7.18	
14	10.31	0.0561	34	7.07	
15	10.08	0.0545	35	6.95	
16	9.87	0.0532	36	6.84	
17	9.66	0.0514	37	6.73	
18	9.47	0.0500	38	6.63	
19	9.28	0.0489	39	6.53	

（2）大气压力或海拔高度的校正（表 6-3）

如果大气压力 P 不是 101.3kPa，那么溶解度 C''_s 可由 101.3kPa 的 C_s 值通过下式计算而求得：

$$C''_S = C_S \times \frac{P-P_W}{101.3-P_W}$$

式中：

P_W——在选定温度下和空气接触时，水蒸气的压力（kPa）。

压力在 50.5 和 110.5 kPa 之间，间隔为 5 kPa。值以每升中氧的毫克数表示，在 HJ506–2009 附录 A 的附表 A.2 中给出。

作为海拔高度函数的平均大气压值可用下式计算：

$$\lg P_h = \lg 101.3 - \frac{h}{18400}$$

式中：

P_h——海拔高度为 h（以 m 表示）时的平均大气压（kPa）。

表 6–3　海拔高度和平均大气压的对应值

海拔高度 h（m）	P_h（kPa）	海拔高度 h（m）	P_h（kPa）
0	101.3	1100	88.3
100	100.1	1200	87.2
200	98.8	1300	86.1
300	97.6	1400	85.0
400	96.4	1500	84.0
500	95.2	1600	82.9
600	94.0	1700	81.9
700	92.8	1800	80.9
800	91.7	1900	79.9
900	90.5	2000	78.9
1000	89.4	2100	77.9

自然状态中，水中适量的氧是鱼类和好氧菌生存和繁殖的基本条件。在一个大气压、温度为 0℃的淡水中，溶解氧呈饱和状态时的含量高于 10mg/L，当溶解氧低于 4mg/L 时，鱼类就难以生存。水被有机物污染后，由于好氧菌作用，使有机物被氧化，消耗水中的溶解氧。溶解氧越少，表明污染程度越严重。

（3）检测方法

目前溶解氧的在线检测方法主要有：电化学法（Clark 溶氧膜电极）、荧光法等。

①膜电极法

膜电极法是电流测定法根据分子氧透过薄膜的扩散速率来测定水中溶解氧的含量。整个电化学测试系统包括一个金阴极（工作电极A）和两个银电极（其中一个银电极为计数阳极G，另一个为参考电极R）及氯化钾或氢氧化钾电解液组成。

当给溶解氧电极加上极化电压时，氧通过膜扩散到电解液中，阴极释放电子，阳极接受电子，产生电流。根据法拉第定律，流过溶解氧分析仪电极的电流和氧分压成正比，在温度不变的情况下，电流和氧浓度之间呈线性关系。

溶解氧的测定：溶解氧电极用一薄膜将铂阴极，银阳极，以及电解质与外界隔开，一般情况下阴极几乎是和这层膜直接接触的。氧以和其分压成正比的比率透过膜扩散，氧分压越大，透过膜的氧就越多。当溶解氧不断地透过膜渗入腔体，在阴极上还原而产生电流，此电流和溶氧浓度直接成正比，只需将测得的电流转换为浓度单位即可。

②荧光法

荧光法溶解氧传感器基于荧光猝熄原理。光电传感器向荧光层发射绿色脉冲光，绿色脉冲光照射到荧光物质上使荧光物质激发并发出红光，由于氧分子可以带走能量（猝熄效应），所以激发的红光的时间和强度与氧分子的浓度成反比。

通过测量激发红光与参比光的相位差，并与内部标定值对比，从而可计算出氧分子的浓度。传感器中以计算流体温度和大气压。

4. 电导率

电导率是物理学概念，也可以称为导电率。电导率是溶液导电的能力。

由于溶液内离子的电荷有助于导电，因此溶液的电导率和其离子浓度成正比。

电导率是以数字表示溶液传导电流的能力。纯水电导率很小，当水中含无机酸、碱或盐时，电导率增加。水溶液的电导率取决于离子的性质和浓度、溶液的温度和粘度等。

采用四级式电导池法进行监测。电导率测量仪的测量原理是将两块平行的极板（右图黑色极板），放到被测溶液中，在极板的两端加上一定的电势（通常为正弦波电压），然后测量极板间流过的电流。根据欧姆定律，电导（G）是电阻（R）的倒数，是由导体本身决定的。

5. 浊度

浊度是指水中悬浮物对光线透过时所发生的阻碍程度。水中的悬浮物一般是泥土、砂粒、微细的有机物和无机物、浮游生物、微生物和胶体物质等。水的浊度不仅与水中悬浮物质的含量有关，而且与它们的大小、形状及折射系数等有关。

水质分析中规定，1L 水中含有 1mg SiO_2 所构成的浊度为一个标准浊度单位，简称 1 度。通常浊度越高，溶液越浑浊。

浊度可用比浊法或散射光法进行测定。采用 90 度散射光法进行监测时，浊度表示的是水中悬浮物质与胶态物质对光线透过时所发生的阻碍程度或发生的散射现象。采用特定波长的红外光，使之穿过一段水样，并从与入射光呈90度的方向上检测被水样中的颗粒物所散射的光量，从而测试水样的浊度。

（三）五参数分析仪的日常维护及校准

1. pH 校正

任何厂家的 pH 在线分析仪，都必须经过 pH 标准缓冲溶液的校正后才能准确测量样品的 pH，目前最常规的校正方法为两点校正，即选择 pH=4.00 和 pH=6.86 的标准缓冲液进行两点校正。

（1）校正步骤

①进入校正菜单，将校正模式选择为 2 点校正。

②清洗电极，把用清水洗完后 pH 电极泡在 pH=6.86 标准液中，启动校

正程序，等待直到屏幕显示稳定电位值（或 pH），手动输入当前温度下的 pH（或直接确认），按键确认。

③然后用蒸馏水漂洗电极后，再把电极泡在 pH=4.00 标准液中，启动校正程序，等待直到屏幕显示稳定电位值（或 pH），手动输入当前温度下的 pH（或直接确认），按键确认，完成校正。

④校正完成后，检查仪器斜率是否在规定范围内：如斜率在范围内或前后两次校准偏差相对平稳，则校准成功，否则排查故障后重新校正。

注意：校正时，缓冲液选择的顺序一般先用 pH=6.86，再用 pH=4.00。

（2）校正失败处理

①对玻璃电极进行清洗保养，然后进行校正。

②检查电解液和盐桥，判断是否需要更换。

③若判断整支电极有问题，需及时更换。

2. 溶解氧校正

一般是将五参数 DO 电极（膜法、荧光法）放在空气中进行校正。仪器上出现的数值应该是相应温度下的饱和溶解氧的值。

如果需要零点校正，需使用无氧水。

（1）电极（膜法）校正步骤

①用清水清洗电极后，用滤纸吸干电极薄膜上的水珠。

②电极放在饱和湿润空气中（测试面离液面上方约 2cm 处），启动校准程序。等待直到屏幕显示出电极斜率值，校准完成后，检查仪器斜率是否在规定范围内；如斜率在范围内或前后两次校准偏差相对平稳，则校准成功，否则排查故障后重新校准。

（2）电极（荧光法）校正步骤

①从水中取出探头，用湿布擦拭以去除碎屑及滋生的生物。

②清洁传感器帽，将探头放在提供的校准包中，加入少量水（25~50mL），使用校准包将探头体保护起来（探头远离阳光或其他热源，不要将探头接触任何硬的表面）。

③从主菜单中输入气压值或海拔值，选择相应操作步骤，按键确认。当读数稳定下来后，校准将自动完成。

④完成后按确认键返回主菜单，并将探头重新放入需要测试的水中。

3. 电导率校正

零点校准：使用零点校准程序定义电导率传感器唯一的零点。必须先定义零点，然后再使用参考溶液或过程试样首次校准传感器。

（1）零点校准步骤如下：

①将电极从水样中取出，用干净的毛巾擦干传感器。

②将干的传感器放在空气中，按键选择零点校准。

③当读数稳定后，查看校准结果，若成功则按键确认。

标准溶液校准：标准溶液校准调整传感器读数，以匹配参考溶液的值。使用与预期测量读数相同或比预期测量读数更大的值作为参考溶液。

（2）标准溶液校准步骤如下：

①使用去离子水彻底冲洗传感器。

②将传感器放入参考溶液中，拖住传感器，以便它不会接触容器，确保传感器与容器各侧之间的距离至少为 2 英寸。搅动传感器，以去除气泡。

③当读数稳定下来后，查看校准结果，若成功则按键确认。

4. 浊度仪的校正

传感器在使用过程中遇到本身器件老化、测量物体颗粒发生变化、安装环境改变等都会对测量结果产生影响，要克服这些因素的影响就必须定期进行校准。

注意要点：浊度校准必须使用黑色器皿（材质不反光）。高浓度浊度标准液沉淀很快，需使用搅拌器，保证溶液的均匀。

有 3 种校准模式，“一点校准”、“二点校准”和“三点校准”，其中“一点校准”只是偏移量校准，适用于已经完成多点校准以后的传感器在现场应用时的快速校准。“二点校准”为线性校准，适用于 0~100NTU 量程的校准。

“三点校准”为非线性校准，适合于0~100NTU、0~500NTU、0~2000NTU、0~4000NTU量程。

（四）标准溶液配制

1. pH

（1）试剂和蒸馏水

使用分析纯或优级纯试剂，自行配置pH标准溶液。

配制标准溶液所用的蒸馏水应符合下列要求：煮沸并冷却、电导率小于2×10^{-6}S/cm的蒸馏水，pH在6.7~7.3之间为宜。

（2）标准溶液

pH=4.008标准溶液：称取在110~130℃干燥2~3h的邻苯二甲酸氢钾10.12g，溶于水并稀释于1000mL容量瓶中，定容。该试剂温度为25℃时，pH为4.008。

pH=6.865标准溶液：分别称取在110~130℃干燥2~3h的磷酸二氢钾3.388g和磷酸氢二钠3.533g，溶于水并稀释于1000mL容量瓶中，定容。该试剂温度为25℃时，pH为6.865。

pH=9.180标准溶液：称取硼砂3.80g，溶于水并稀释至1000mL容量瓶中，定容。该试剂温度为25℃时，pH为9.180。

2. 溶解氧

无氧水的制备：配制250mL的5%亚硫酸钠（Na_2SO_3）溶液，可加入适量的氯化钴（$CoCl_2$）做催化剂。

3. 电导率

（1）水的质量

纯水，其电导率应小于1μS/cm。

（2）标准氯化钾溶液

0.01mol/L 标准氯化钾溶液：称取 0.7456g 于 105℃干燥 2h 并冷却后的优级纯氯化钾，溶于纯水中，于 25℃下定容至 1000mL 容量瓶中。

此溶液在 25℃时，电导率为 1413μS/cm。必要时，可将标准溶液用纯水加以稀释。

4. 浊度

（1）零浊度水的制备

取蒸馏水（电渗析水、离子交换水或去离子水），经孔径不大于 0.2μm 微孔滤膜反复过滤 2 次以上。

（2）浊度标准溶液

按照 JJG880《浊度计》国家计量检定规程附录福尔马肼（Formazine）浊度标准溶液的制备进行配制。

浊度计检定中使用国家技术监督局颁布的 Formazine 标准物质，如 GBW12001 浊度（Formazine）标准物质，标准值 400NTU，定值不确定度 ±3%，有效使用期限 1 年。

不同浊度值的 Formazine 标准溶液，是用零浊度水和经检定合格的容量器具，按比例准确稀释 Formazine 浊度标准物质而获得。

400NTU 以上的 Formazine 标准物质需存放在电冰箱的冷藏室内（4~8℃）低温避光保存，已稀至低浊度值的标准溶液不稳定，不宜保存，应随用随配。

（3）仪器和试剂

分析天平：载荷 200g、感量 0.1mg 检定合格。

容量瓶：100mL、一等，检定合格。

移液管：5mL、一等，检定合格。

硫酸肼（$N_2H_6SO_4$）：分析纯，纯度应大于 99%。

六次甲基四胺（$C_6H_{12}N_4$）：分析纯，纯度应大于 99%。

恒温箱（或水浴箱）：容积能容下 200mL 容量瓶，恒温 25±1℃，能连续运行 24 小时以上。

（4）制备方法

①准确称取 1.000g 硫酸肼，溶于零浊度水。溶液转入 100mL 容量瓶中，稀释至刻度，摇匀、过滤后备用（用 0.2μm 孔径的微孔滤膜过滤，下同）。

②准确称取 10.00g 六次甲基四胺，溶于零浊度水，并转入 100mL 容量瓶中，稀至刻度，摇匀、过滤后备用。

③ 4000NTU Formazine 标准溶液制备：准确移取上述两种溶液各 100mL，倒入 200mL 容量瓶中摇匀，该容量瓶放置在 25 ± 1℃的恒温箱或恒温水浴中，避光静置 24 小时即制成 4000NTU 标准液。

为了增加配制值的可靠性，可考虑配制多组、多瓶 Formazine 标准溶液，以验证配制的一致性，同时要观测 Formazine 标准溶液浊度值的变化。只有在证明其稳定性良好，在使用期间内量值的变化不超过配制值的 ±3%方可使用。配制好的溶液应在 4~8℃的低温避光环境下储存。

注意：标准溶解氧贮存期除有明确的规定外，一般不得超过三个月。

（五）五参数的维护与故障排除

1. 维护周期

仪器的运行维护主要有清洗电极、补充电解液和更换耗材三种，可根据水质的实际情况进行调整（表 6–4）。

表 6–4　五参数维护周期及内容

维护周期	维护方式	维护内容
每周	清洁	将仪器切换至维护保养状态，将仪器从五参数测试池中取出，用软湿布轻轻擦拭相关电极探头表面，并用纯水冲洗，同时清洗五参数沉砂池。
每月	补充	补充或添加 DO 电极电解液（膜法）
每半年	更换	更换 DO 电极膜或膜头，用清洗液清洗电极
每年	更换	更换 pH 玻璃电极

2. 各仪表维护要点

（1）pH/ 水温电极

建议每 1~2 个月（每周进行周核查通过的前提下）对 pH 电极校正一次，如果校正失败，则按照以下步骤保养电极：

①先用清水冲洗传感器外部，除去松散的污垢；

②再使用温热的加有肥皂水或洗洁精的温水浸泡电极，时间 5 分钟；

③用柔软、干净的布仔细擦拭玻璃电极测试头（彻底清洗电极和盐桥表面），如果表面污渍不能被清除，可使用 0.1M 稀盐酸溶液浸泡电极，时间不超过 5 分钟；

④将电极放入温和的肥皂水中 2~3 分钟来中和残留的酸；

⑤最后将电极取出，使用蒸馏水彻底漂洗干净。

⑥注意：

如需对电极（pH、溶解氧、浊度、电导率）进行清洗、维护或维修，需先手动开启维护状态；

保持 pH 玻璃电极的表面清洁对于获得正确的测量数据非常重要，在实际使用中应定期检查玻璃电极是否有污染物附着。如果有，请使用清水冲洗，切勿使用手或者其他硬物擦拭玻璃电极。

（2）膜法溶解氧电极

建议定期每 1~2 个月（每周进行周核查通过的前提下）对电极（膜法）进行校正，如果校正失败，按照以下步骤保养电极：

①关机或将电极从连接电缆线上卸下。

②把电极从水中提起，旋下电极顶端的保护罩，再旋开盖式薄膜，把薄膜中剩下的电解液倒干净，放在一旁待用。

③用蒸馏水喷洗电极头，再用标准配备的黄色研磨薄片磨砂面轻轻擦拭电极最顶端的一点（金阴极），再用蒸馏水漂洗。

④把电极头浸泡在清洗液（RL/Ag–Oxi）中，时间 10 分钟。（注意：电极头最上方的参考电极不能接触到清洗液，否则会损坏电极！如果不小心接

触到了，请立刻用大量的蒸馏水冲洗。）

⑤用蒸馏水漂洗电极，往盖式薄膜中倒入电解液到八分满的位置，用笔轻轻敲击薄膜侧面，以赶出多余的气泡，然后再把盖式薄膜旋到电极头上，开机通电 45 分钟后，校正电极。

（3）荧光法溶解氧电极

清洗传感器外表面。如果有碎屑残留，请用湿的软布擦拭。不要将传感器放在阳光直射或者通过放射能够照到的地方。

在传感器的整个使用寿命中，如果阳光暴露时间累积达到一个小时，将会引起传感器帽的老化，从而能够引起传感器帽出错，以及显示屏上显示错误的读数。

（4）电导率电极

电导率电极一般不需要相关保养，若电极被严重污染，则会影响测试精度。因此，建议用户通过目视检查来定期清洗电极。

建议定期每个月对电极表面进行清洗，根据污染物类型，选择合适的清洗方式清洗传感器：

①油和油脂：使用油脂去除剂（或洗洁精）清洗；

②石灰和金属氢氧化物粘附：使用稀盐酸（3%）溶解粘附物，随后使用大量清水彻底清洗；

③硫化物粘附：使用盐酸（3%）和硫胺（商业用）混合液清洗，随后使用大量清水彻底清洗；

④蛋白质粘附：使用盐酸（0.5%）和胃蛋白酶（商业用）混合液清洗，随后使用大量清水彻底清洗。

（5）浊度电极

具备浊度自清洗（刮刷）功能或自带超声波自清洗功的电极，能较为有效地防止污染物在电极测试面上沉积，并避免由于气泡对测试面的冲撞而引起的故障。

若电极测试面受污染、使用时间过长、或测试值与实际水样值差距过大时，建议手动清洗电极测试面（表 6–5）。

表 6–5　浊度电极清洗

污染物	清洗试剂
油和油脂	油脂去除剂（或洗洁精）清洗
沉淀和松软粘附物或生物附着物	软布或软刷，加有清洁剂的温自来水
盐或石灰沉积物	醋酸（体积百分比 =20%）软布或软海绵溶解粘附物，随后使用大量清水彻底清洗

带有刮刷的浊度电极，传感器测试窗口的正确维护对测量结果的准确性相当关键。测量屏应每月清洁一次，并检查刮刷。

为保证密封，探头密封圈必须每两年更换一次。如果不定期更换密封圈，探针头部会进水，从而严重损坏仪器（表 6–6）。

表 6–6　浊度电极维护

维护工作	维护周期
视觉检查 / 校正	每月 1 次
更换密封圈	每 2 年
更换刮刷或重置计数器	每个计数器（循环 20000 次）

3. 常见故障

通常仪器发生故障时，仪器屏幕会有简单的提示，可采取相应的措施排除故障（表 6–7）。

表 6–7　常见故障排除

故障现象	故障原因	解决方案
测试值异常（显示 OFL 或——）	测试值超量程	修改设置，更换量程
	测试无效	关机重启
校正失败	设置错误	检查仪器设置
	传感器组件连接错误	检查仪器连接是否正确
	电极探头被污染	清洁电极探头

续表

故障现象	故障原因	解决方案
校正失败	电极薄膜破裂	更换薄膜
	无电解液	添加电解液
	长时间没有校准	校准仪器
	斜率超出范围	更换薄膜或电极
	电极电压超出量程	更换薄膜或电极
测试值漂移	电极探头或测试窗口被污染	清洁电极探头或测试窗口
	蓄水池水位过浅	检查蓄水池是否漏水或被堵塞
	电极没有被完全极化或校准	极化、校准或更换电极
	电极测试面有气泡	调整电极的位置

4. 站点停止运行维护

短期关机：一般关机即可，并确保五参数电极浸泡在清水或原水中。

长期关机：按以下步骤进行。

①关掉仪器电源。

②用纯净水清洗流通池、电极，保持流通池存有清洁水浸泡电极。

③拆下 pH 传感器，清洗并沥干后将 pH 电极头重新放入饱和氯化钾（KCl）溶液中（3mol/L）；溶解氧传感器清洗并沥干，最好放置到存在饱和湿空气的环境中；其他传感器清洗并沥干，盖上保护帽即可。

④拆下 DO 电极，请将膜帽拧下来，倒掉里面的电解液，用清水冲洗膜帽内部和电极芯，擦干电极芯，甩干膜帽内部清水，将膜帽松松地旋在电极上，不要太紧，密封存放。

停机恢复运行：正常启动仪器，并按仪器流程分步检查。需要根据规范要求，进行标定、核查。

二、氨氮分析仪

（一）概况

1. 氨氮的来源及危害

氨氮是指水中以游离氨（NH_3）和铵离子（NH_4^+）形式存在的氮。动物性有机物的含氮量一般较植物性有机物高。同时，人畜粪便中含氮有机物很不稳定，容易分解成氨。因此，水中氨氮含量增高时指以氨或铵离子形式存在的化合氮。

氨氮主要来源于人和动物的排泄物，生活污水中平均含氮量每人每年可达 2.5 千克 ~4.5 千克；雨水径流以及农用化肥的流失也是氮的重要来源；氨氮还来自化工、冶金、石油化工、油漆颜料、煤气、炼焦、鞣革、化肥等工业废水中；由于氨氮经过氨的硝化过程可以形成亚硝酸盐，最终能够形成硝酸盐，而硝酸盐会通过厌氧微生物作用，还原成亚硝酸盐和氨，这样也会造成水中氨氮污染。

当氨溶于水时，其中一部分氨与水反应生成铵离子（NH_4^+），一部分形成水合氨（$NH_3 \cdot H_2O$），也称非离子氨。非离子氨是引起水生生物毒害的主要因子，而铵离子相对基本无毒。氨氮是水体中的营养素，过量可导致水富营养化现象产生；同时氨氮还是水体中的主要耗氧污染物，对鱼类及某些水生生物有毒害。

水中的氮主要以氨氮、硝酸盐氮、亚硝酸盐氮和有机氮几种形式存在。在特定条件下，如氧化和微生物活动，有机氮可能转化为氨氮。在好氧情况下，氨氮又可被硝化细菌氧化成亚硝酸盐氮和硝酸盐氮。众所周知，亚硝酸盐对人体危害极大。当水中的亚硝酸盐氮过高，饮用此水将和蛋白质结合形成亚硝胺，是一种强致癌物质，长期饮用对身体极为不利。

目前由于城市人口集中和城市污水处理相对不利，工业生产事故和农业生产大量使用化肥使地表中的氨氮含量增加，目前我国的七大水系中仅长江和珠江水系的水质还较好，氨氮在地表水的超标污染物中频频出现。因此对地表水中氨氮的监测至关重要。

2. 水质类别

在《地表水环境质量标准》（GB 3838—2002）中，氨氮被列为地表水水质评价的基本项目，规定了不同水质类别的标准限值（表 6–8）。

表 6–8　氨氮标准限值

水质类别	I 类	II 类	III 类	IV 类	V 类
氨氮（mg/L）	0.15	0.5	1.0	1.5	2.0

3. 相关标准及规范

（1）检测方法标准

氨氮检测方法标准见表 6–9。

表 6–9　氨氮检测方法标准

<table>
<tr><th>标准号及名称</th><th>适用范围</th><th>检测范围及检出限</th></tr>
<tr><td>《水质　氨氮的测定　纳氏试剂分光光度法》（HJ 535—2009）</td><td>本标准适用于地表水、地下水、生活污水和工业废水中氨氮的测试</td><td>测量范围：0.1~2.0mg/L
检出限：0.025mg/L</td></tr>
<tr><td rowspan="2">《水质　氨氮的测定水杨酸分光光度法》（HJ 536—2009）</td><td rowspan="2">本标准适用于地下水、地表水、生活污水和工业废水中氨氮的测定</td><td>取样体积：8.0mL，10mm 比色皿
测量范围：0.04~1.0mg/L
检出限：0.01mg/L</td></tr>
<tr><td>取样体积：8.0mL，30mm 比色皿
测量范围：0.016~0.25mg/L
检出限：0.004mg/L</td></tr>
<tr><td>《水质　氨氮的测定蒸馏–中和滴定法》（HJ 537—2009）</td><td>本标准适用于生活污水和工业废水中氨氮的测定</td><td>测定下限：0.8mg/L
检出限：0.2mg/L</td></tr>
<tr><td>《水质　氨氮的测定气相分子吸收光谱法》（HJ/T 195—2005）</td><td>本标准适用于地表水、地下水、海水、饮用水、生活污水及工业污水中氨氮的测定</td><td>测量范围：0.080~100mg/L
检出限：0.020mg/L</td></tr>
</table>

（2）相关标准及技术要求

氨氮监测相关标准及技术要求见表 6-10。

表 6-10 氨氮相关标准及技术要求

标准号及名称	适用范围
《地表水环境质量标准》（GB 3838—2002）	规定了地表水中五个类型分类及其总氮限值
《氨氮水质自动分析仪技术要求》（HJ/T 101—2003）	本技术要求规定了地表水、工业污水和市政污水的基于电极法和分光光度法的氨氮水质自动分析仪的技术性能要求和性能试验方法，适用于该类仪器的研制生产和性能检验

（二）监测原理

1. 水杨酸分光光度法

在清洗测量室后，待分析样品被加入测量室，并加热一定温度后，将一定量的缓冲溶液（调节试样 pH>7）和水杨酸盐［水杨酸溶液—硝普钠（亚硝基铁氰化钠）］注入测量室，并进行基线校正。而后加入次氯酸钠溶液到测量室，生成蓝绿色化合物，在一定波长（约 697nm）下进行比色测量，生成颜色的深浅程度正比于样品中氨氮的浓度。

2. 纳氏试剂分光光度法

碘化汞（或氯化汞）和碘化钾的碱性溶液（纳氏试剂）与氨反应生成淡红棕色胶态化合物，其色度与氨氮含量成正比，通常可在波长 420nm 处测其吸光度，计算其含量。

3. 电极法

氨气敏电极为复合电极，以 pH 玻璃电极为指示剂，银 - 氯化银电极为参比电极。电极对放置于盛有 0.1mol/L 的氯化铵内电解液的塑料管中，管端部紧贴指示剂电极敏感膜处装有疏水半渗透膜，使内电解液与外部试液隔开，半透膜与 pH 玻璃电极之间有一层很薄的液膜。当水样中加入强碱溶液，将 pH 提高到 11 以上，使水样中的铵盐转化为氨（$NH_4^+ + OH^- = NH_3 + H_2O$），生成的氨由于扩散作用通过半渗透膜（水和其他粒子则不能通过），使氯化铵电解液膜层内 $NH_4^+ \rightleftharpoons NH_3 + H^+$ 的反应向左移动，引起氢离子浓度改变，由 pH 玻璃电极测得其变化，以标准电流信号输出，pH 的变化量正比于氨氮的浓度。

（三）测量流程

1. 分光光度法氨氮分析仪测量流程

水杨酸法：仪器首先依次将水样、水杨酸盐和酒石酸钾钠、硝普钠试剂和次氯酸钠试剂定量移至消解管并混合，反应一定的时间，然后将反应液抽取至比色模块进行比色，对检测信号进行采集与处理，并将测定结果显示在显示屏上。

纳氏试剂法：仪器将相应体积的样品、酒石酸钾钠和纳氏试剂输送到测量室（流通池）内，充分混合反应后，再进行分光光度法检测，根据样品的吸光度值计算得到样品的氨氮（NH_3–N）含量。

2. 电极法氨氮分析仪测量流程

（1）水样先后经阀体 2、1 由计量泵进入测量池体。

（2）试剂经两位阀体 4 由计量泵进入测量池体，并与水样混合。

（3）清洗液经阀体 2、1 由计量泵进入测量池体。

（4）插入测量池体的氨气敏电极与反应样品接触时，氨气敏电极产生随被测离子浓度变化而成比例变化的电信号，此信号被数据处理单元接收处理，最后经显示单元将浓度值显示。

（5）测量后，测量池体中的样品经废水接口流入废水管线。

（6）在进行校准时，仪器不进样品，校准液依次通过电磁阀 3、1 由计量泵进入测量池体。

（四）主要部件及日常运维工作

1. 主要部件

（1）电磁阀

主要有三通阀、八通阀或多通道阀，主要用来使管路通断或流动方向的控制。

（2）计量泵

①蠕动泵

通过其内部滚轮的单方向同速转动将电磁阀导入管路的溶液以恒定的流速导入测量池体。

②注射泵

通过注射塞的上下移动将电磁阀导入管路的溶液以恒定的流量导入测量池体。

（3）电子控制部分

在设备第一次投入运行时，检查组件与各自连接器是否连接好：

电源组件，提供所有供电以及信号传输功能。

主控板，同显示屏组件通过排线相连。

显示屏组件，主要为全中文触摸屏。

（4）测量室（分光光度法氨氮分析仪专用）

①测量室的两侧

右侧：光发射器

左侧：光接收器

上部：试剂进入管道

下部：磁力搅拌电机

②加热测量室

对于氨氮的测量，显色反应可在一定的温度下发生。

加热室为不锈钢材质，并可控制样品在分析前，保持在一定的温度范围内。

加热可加速化学反应，因此可以减少反应时间。

带有热防护的加热电阻器，安装在加热室的里面。温度调节可通过电路进行控制。

（5）氨气敏电极（电极法氨氮分析仪专用）

氨气敏电极包括平头的 pH 玻璃电极和银 / 氯化银电极，两支电极通过含有铵离子的内充液被组装在一起，作为 pH 测量电对。

2. 基础运维工作

（1）定期更换试剂及耗材

①每周检查试剂是否充足，并在试剂用完或有效期前更换新的试剂；

②更换试剂后，应执行做校准循环；

③每个月检查、清洗一次测量室，确保清洁，清洗时可以使用浓度为 5% 的稀盐酸，然后用蒸馏水彻底清洗；

④每 3 个月更换一次计量泵管；

⑤对所有装配件每年进行一次彻底清洁和检查；

⑥因为实际水样经常有絮凝物和微小颗粒，所以要经常清洗水样进液管；

⑦以上的每一步操作完成后，都必须对仪器进行引泵和校准；

⑧对氨氮的分析，三种原理的分析仪均涉及碱性试剂或毒性试剂，配制试剂时，必须按实验室操作规程准确操作，并佩戴防护器具。

（2）校准

①仪器一般都有自动校准和手动校准两种模式。一般情况下自动校准能满足仪器基本需求。

②仪器初次安装、更换部件、故障修复后须使用手动校准模式，校准完成后进行 1~2 次标液核查即可。

③每次校准之前，应检查以下几点：

- 试剂是否足够，并被很好的储存和放置；
- 至少每 3 个月更换一次泵管；
- 测量室是否保持干净。

④如果测量室有污渍，可加入少量的稀盐酸进行清除，再用蒸馏水彻底清洗。

⑤在仪器外部有校准管路，标准溶液可通过此管进入仪器。

（3）更换试剂

①根据仪器工作时间（分析时间，校准循环频率），定期更换试剂。

②按如下步骤更换试剂：

- 更换新试剂；
- 进入用户菜单，控制各试剂的计量泵吸取试剂，确保新鲜的试剂溶液充满管路；
- 用蒸馏水清洗测量室。
- 最后，排空测量室。
- 在进行一两次循环后，执行校准循环，确保仪器测量的准确性。

③试剂可以用 1~2L 的试剂瓶，更换试剂的时候，最好连试剂瓶一起更换，而不是只加满试剂，以避免试剂被玷污或稀释引起误差。用新更换的试剂清洗泵，检查试剂是否通过管子进入测量室，有无漏液。

注意：缺少试剂会导致仪器出现测量结果极不稳定、测量数据出现重大偏差等现象，严重时会对仪器硬件造成严重损害。

（4）部件检查及更换

①仪器一般都带有手动诊断的界面，该界面里边控制各个部件的工作，可以通过这个界面观察各部件是否正常。

②当发生所有管路或是大部分管路无法正常进样或是排液的故障时，首先应在计量泵上查找问题，检查密封情况及管路是否有破损或者管路堵塞，依然有问题，最后检查是否有部件损坏。

③电磁阀堵塞或密封不好也会造成采排液异常。

④更换泵管：将计量泵从仪器上拆卸下来之前，应将所有的液路管连接至蒸馏水中，引泵 2 分钟以上，清洗计量泵后，再更换泵管。

注意：每个厂家使用的硬件都不同，更换时一定要使用仪器生产厂家提供的备件。如计量泵：每种泵的泵管接头、泵体的结构是经过特别设计的，每种型号的泵须配套使用，不同型号的泵之间不能混用。

（5）仪器停机

如果监测仪停止测量样品超过一天及以上的一段时间，为避免仪器再次测量时出现问题，请按如下步骤及进行操作：

- 进入用户使用菜单里的部件测试中，点击计量泵菜单，用蒸馏水清洗试剂泵；或者所有管路的试剂更换为蒸馏水，使仪器运行完成一个流程；
- 用洗瓶刷清洗测量室，如果必要可以用稀盐酸来清洗。去除管路中的颗粒物和藻类；
- 排空测量室；
- 关闭仪器电源；
- 关闭进样阀。

当仪器再次开机，重新测量样品时，必须引动计量泵，确保新鲜的试剂溶液充满管路，并用大量的蒸馏水清洗测量室。然后执行 2~3 次校准循环，再进行样品测量，确保仪器测量的准确性。

3. 氨氮电极维护注意事项

（1）校准完成后，首先观察电极斜率，如果电极斜率在正常范围（肖特电极在 53~60.5），则电极正常。

（2）另外，半透膜脏污、有气泡、老化及电极故障会造成测量值偏高或偏低且校准不准确或无效。半透膜损坏会造成测量值偏高。

（3）电极法仪器的反应室一般有两种，一种是搅拌形式的，主要观察搅拌子是不是能正常工作；另一种是流通形式的，观察流通室内有没有气泡。

（4）若仪器停机不用，将氨氮电极浸泡到 NH_4Cl 溶液中。

（5）氨氮电极是电极法氨氮分析仪比较重要的一个部件，而且价格比较昂贵，在拆装电极时有些注意事项如下：

①将电极轻轻从包装内取出。

②旋开电极下端杆，取出玻璃电极，轻轻放置在干净的滤纸上，排空电

极内充液，不要用手触碰玻璃电极。

③旋开电极下端杆上的黑色帽，取出一片平整洁净的电极膜，将电极膜的中心与下端杆的中心重合，轻轻旋紧黑色帽，保证电极膜平整。

④沿电极测量杆内壁滴入 3~5mL 内充液，轻轻手弹振动电极测量杆，确保杆内气泡逸出。不可用手或其他物体触碰电极膜。

⑤将玻璃电极倾斜轻放入电极测量杆内，缓慢上下移动玻璃电极数次，可排除两者间的气泡，检查玻璃电极是否浸没在内充液中，否则请添加内充液。然后旋紧电极测量杆。

⑥由于电极长期存放或运输过程中处于干放状态，因此使用前必须进行浸泡活化。电极添加内充液后，旋松电极测量杆至螺纹一半处，然后将电极放入少量 0.1mol/L 氢氧化钠溶液（电极膜能完全浸没即可），浸泡 4~20 小时，方可正常使用。

⑦取出电极连接线，连接至电极。

（五）常见故障判断及排除

电极法常见故障判断及排除见表 6–11，分光光度法常见故障判断及排除见表 6–12。

表 6–11　电极法常见故障判断及排除

故障	可能的原因	排除方法
测定值偏高	配制的校准液不准确或时间太长	重新配制校准液
	电极气透膜有气泡	用手轻轻向下按电极，排除气泡
	电极气透膜玷污	清洗气透膜
	电极气透膜老化或损坏	更换气透膜
	电极故障	维护或更换电极
测定值偏低	配制的校准液不准确	重新配制校准液
	试剂用完	添加试剂
	电极响应缓慢	换内充液重装电极

续表

故障	可能的原因	排除方法
测定值偏低	电极气透膜老化	更换气透膜
	电极故障	维护或更换电极
	电极气透膜玷污	清洗气透膜
校准无效	配制的校准液不准确	重新配制校准液
	电极响应缓慢	换内充液重装电极
	电极气透膜玷污	清洗气透膜
	校准液用光	配制校准液
	电极气透膜老化	更换气透膜
	电极故障	电极维护或更换电极

表 6–12　分光光度法常见故障判断及排除

故障	可能的原因	排除方法
校准超时报警	校准超时	检查校准数据设置是否正确 检查对应的样品量是否充足
测量室温度报警	加热控制电路损坏 温度传感器损坏	检查对应的样品量是否充足 清洗管路
空白超时报警	空白超时	检查空白数据设置是否正确 检查对应的样品量是否充足
泵没进试剂	管路漏气或泵管粘连	用注射器向进液管加空气，将管路撑开 如果经上述没有解决，拆除泵的泵管，用尖嘴钳挤压泵管，避免泵管粘连
泵指针不能回到原位	微动开关故障	卸下泵体，检查微动开关，必要时更换
测量值不稳定	液路问题 泵管是否需要更换	试剂及去离子水是否过期或被污染 测量室是否干净 检查泵能否回到原位 排液是否通畅 更换泵管

三、高锰酸盐指数分析仪

（一）概况

化学需氧量是指在一定严格的条件下，水中的还原性物质在外加的强氧化剂的作用下，被氧化分解时所消耗氧化剂的数量，以氧的 mg/L 表示。化学需氧量反映了水中受还原性物质污染的程度，这些物质包括有机物、亚硝酸盐、亚铁盐、硫化物等，但一般水及废水中无机还原性物质的数量相对不大，而被有机物污染是很普遍的。因此，化学需氧量可作为有机物质相对含量的一项综合性指标。它的测定，可用重铬酸钾或高锰酸钾做氧化剂。

在我国，高锰酸盐指数测定的国家标准方法为《水质　高锰酸盐指数的测定》（GB 11892—89），该方法适用于饮用水、水源水和地表水的测定。对污染较重的水，可少取水样，经适当稀释后测定。该方法不适用于测定工业废水中有机污染的负荷量，如需测定，可用重铬酸钾法测定化学需氧量。

高锰酸盐指数是指在一定条件下，用高锰酸钾氧化水样中的某些有机物及无机还原物质，由消耗的高锰酸钾量计算相当的氧量，表示单位为氧的毫克 / 升（O_2，mg/L）。

根据水体中氯离子含量不同，高锰酸盐指数测定分为酸性法和碱性法，常规地表水一般采用酸性法测量，当水样中氯离子浓度大于 300mg/L 时，则需采用碱性法测定。

1. 水质类别

在《地表水环境质量标准》（GB 3838—2002）中，高锰酸盐指数被列为地表水环境质量标准基本项目，规定了不同水质类别高锰酸盐指数标准限值（表 6–13）。

表 6–13　高锰酸盐指数标准限值

水质类别	Ⅰ类	Ⅱ类	Ⅲ类	Ⅳ类	Ⅴ类
高锰酸盐指数（mg/L）	2	4	6	10	15

2. 相关标准及规范

（1）分析方法

高锰酸盐指数分析方法见表 6–14。

表 6–14　高锰酸盐指数分析方法

名称及标准号	适用范围	测量范围
《水质　高锰酸盐指数的测定》（GB 11892—1989）	饮用水、水源水和地表水	0.5mg/L~4.5mg/L

（2）相关标准及技术要求

高锰酸盐指数监测相关标准及技术要求见表 6–15。

表 6–15　高锰酸盐指数相关标准及技术要求

名称及标准号	适用范围
《地表水环境质量标准》（GB 3838—2002）	规定了地表水中五个类型分类及其高锰酸盐指数限值
《高锰酸盐指数水质自动分析仪技术要求》（HJ/T 100—2003）	本技术要求规定了地表水高锰酸盐指数水质自动分析仪的技术性能要求和性能试验方法，适用于该类仪器的研制生产和性能检验

（二）监测原理

随着我国水质自动监测系统的普及，高锰酸盐指数自动分析仪在性能指标、功能和规范化方面日趋成熟，在地表水水质自动监测中发挥了重要的作用。

过去，我国地表水水质在线监测项目中大部分采用进口品牌的高锰酸盐指数自动分析仪，现在，随着国内在线水质自动分析仪技术的发展，国产品牌的高锰酸盐指数自动分析仪也日臻完善，在地表水水质监测的应用中越来越广泛。

高锰酸盐指数自动分析仪采用的方法原理主要有三种：高锰酸盐氧化 –

比色滴定法，高锰酸盐氧化 –ORP 电位滴定法和 UV 法。

前两种方法化学反应过程没有本质的区别，只是判断滴定终点的方法不同，其中高锰酸盐氧化 –ORP 滴定法因为滴定终点采用氧化还原电位来判断，不受水样浊度和色度的干扰，比传统的比色法更加准确可靠，因而在高锰酸盐指数自动分析仪中得到广泛的应用。

UV 法在欧美和日本应用较多，但在我国尚未推广使用。

1. 分析仪检测方法

水样进入仪器的反应室后，加入硫酸（碱性法测定时加入氢氧化钠）和定量的高锰酸钾，加热到一定温度进行消解，消解完成后加入过量草酸钠（碱性法测定时先加入硫酸酸化）还原剩余的高锰酸钾，然后缓慢加入高锰酸钾标准溶液进行滴定，直至将多余的草酸钠全部氧化，此时根据溶液的 ORP 电位值（电极检测法）变化或者溶液颜色（分光光度法）的变化来判定滴定终点，并计算水样高锰酸盐指数的测定值。

2. 分析仪消解方法

因为高锰酸盐指数是相对指标，测定条件尤其是消解条件对测量结果的影响极大，国家标准《水质　高锰酸盐指数的测定》（GB 11892—89）中规定消解需要在沸水浴中消解 30 分钟，但是在自动分析仪上实现有一定困难，目前高锰酸盐指数自动分析仪的消解方法主要分为三种，溶液直接加热消解、电热丝加热消解和油浴消解（表 6–16）。

表 6–16　高锰酸盐指数分析仪消解方法

消解方式	直接加热	电热丝加热	油浴
消解时长	10min	10min	30min
消解效率	较高	较高	高
部件成本	低	较高	高
维护成本	低	高	高
试剂量	高	低	高

（1）直接加热消解法

加热器安装在消解杯中，加热器外壳由耐高温、耐酸碱腐蚀的稀有金属组成，不对溶液的成分造成干扰，反应时发热部分没入溶液中直接加热，温度信号由温度传感器传输到中央控制器，据此控制加热器的工作状态，保证反应在设定的温度范围内进行。

在消解杯内放置磁力搅拌子，由消解杯底部的搅拌马达带动旋转搅拌，搅拌速度可以自由调节，保障溶液混合均匀，使反应及时快速地进行。

同时在消解杯上方有冷凝管，对蒸发的水样进行空气冷凝回流，以避免消解过程中由于样品挥发造成测量误差。

溶液直接加热消解效率较高，所以反应时间一般较短，水样进样量也与国标接近。同时，搅拌子直接搅拌的方式使滴定反应更快速和均匀。

（2）电热丝加热消解

在消解杯的外部缠绕电热丝加热，温度信号由温度传感器控制。溶液反应时采用注入空气的方式进行搅拌。

一般采用电热消解时，水样的进样量比较小，否则加热温度波动会较大。

（3）油浴消解

消解杯夹层中加入导热硅油，通过加热器对硅油加热并保持在设定的温度，温度传感器浸没于硅油中，用于导热硅油的温度控制。

油浴加热消解更接近于国标方法中规定的水浴加热消解，消解时间也较长，一般在 30 分钟左右。

（4）消解条件的选择

高锰酸盐指数测定中，仪器用水、硫酸浓度、高锰酸钾浓度、消解温度和消解时间都会对测定结果产生比较大的影响，需要对这些条件进行严格的控制和调节。

①仪器用水

《水质　高锰酸盐指数的测定》（GB 11892-89）中规定，测定高锰酸盐指数的蒸馏水需要经过酸化后加入高锰酸钾重蒸馏，以排除蒸馏水中微量的还原性物质影响测定结果，在实际应用中，难以达到这一条件的情况下，也可以使用合格的超纯水或者高质量的市售纯净水。

②高锰酸钾浓度

由化学平衡原理可知，如果提升反应体系中反应物的浓度的话，就会导致化学反应的平衡朝生成物方向转移，所以，通常情况下，如果提升高锰酸钾溶液的浓度，就会增加高锰酸钾的氧化性，从而造成高锰酸盐指数的测定结果发生正偏差的现象。当高锰酸钾的浓度过大的时候，就会发生分解化学反应，瓶壁上会产生二氧化锰黑色沉淀，而产生的这些二氧化锰又会催化高锰酸钾分解，加剧其分解现象。另外，如果储存时间过长的话，也会出现这种现象。

③消解温度与消解时间

消解温度越高，消解时间越长，都会导致高锰酸钾的消解率升高，《水质　高锰酸盐指数的测定》（GB 11892—89）中规定，试样需要在沸水浴中消解30分钟。

高锰酸盐自动分析仪采用油浴加热时，油温一般控制在100℃，消解30分钟；采用溶液直接加热或者电热丝加热的方式消解时，温度一般控制在95~97℃，消解时间一般在10分钟到30分钟之间。

3. 分析仪滴定终点判定方式

高锰酸盐指数分析仪的滴定终点判定方式有两种，一种是比色法，一种是ORP电极电位法。

（1）比色法判定滴定终点

高锰酸钾溶液呈现明显的红色，在用高锰酸钾溶液滴定水样中过量的草酸钠时，一旦达到滴定终点，反应溶液由草酸钠过量转变为高锰酸钾过量，溶液也由无色转变为红色。

在消解杯上安装比色计，溶液颜色的变化引起光度计光度值的变化，从而判断达到滴定终点。

当水样比较混浊或者色度较高的时候，会对比色法造成干扰，使滴定终点的判断出现错误。

（2）ORP 电极电位法判定滴定终点

ORP 电极电位会随着溶液的氧化性强弱发生变化，而在高锰酸盐指数的测定中，当溶液中草酸钠过量时，溶液氧化性较弱，ORP 电极的电位也会比较低，当达到滴定终点时，反应溶液由草酸钠过量转变为高锰酸钾过量，此时溶液的氧化性变强，ORP 电极的电位会在此过程中产生突变。

根据ORP电极的这一特性，可准确判断高锰酸盐指数测定中的滴定终点，并且 ORP 电极电位不受样品浊度和色度的干扰，因此在高锰酸盐指数自动分析中的应用越来越广泛。

（三）仪器检测流程

分析仪进样方式一般采用蠕动泵进样或者注射泵进样，按照进样方式的不同，测量流程略有不同。

1. 待测水样进入待测样水杯，样水杯内有液位开关探测待测水样液位，当水样不足时，仪器会发出警报，停止测量。

2. 仪器进行测量时，将样水杯中的待测水样泵入反应杯中进行润洗，润洗结束后排空，然后重新注入定量的待测水样，同时，泵入定量硫酸。

3. 仪器通过电磁阀控制样水，低标和高标，并且每次进样前都会抽取相应的样品进行润洗，避免交叉污染引入测量或者标定的误差。

4. 进样结束后，在搅拌子的搅拌作用下，开启反应杯中的加热，将溶液加热到 95℃，并始终保持在该温度。

5. 溶液温度达到设定的反应温度 95℃后，加入定量的高锰酸钾溶液进行氧化，在此过程中，水样中的某些有机物及无机还原物质被高锰酸钾氧化。

6. 氧化反应结束后，加入定量的草酸钠溶液，和溶液中剩余的高锰酸钾发生反应，反应完后过量部分的草酸钠精确地反映了待测水样的高锰酸盐指数。

7. 上述反应结束后，以非常缓慢的速度匀速泵入高锰酸钾溶液与反应溶液中过量的草酸钠反应，直至将草酸钠反应完毕，达到滴定终点时停止并记录，最后通过 ORP 电极或者光谱照射计算出样水中高锰酸盐指数的含量。

8. 每次测量结束，仪器会自动清洗反应杯，清洗水进入反应杯清洗后重新注入清洗水，保护 ORP 电极等主要部件，在下次测量前再排空。

（四）仪表主要部件及维护

分析仪由泵阀系统、消解系统、ORP 电极以及中央控制器组成，各系统部件功能介绍和日常维护如下：

1. 泵阀系统维护

蠕动泵管在长时间的运行中会因为反复挤压产生轻微的变形，因而需要定期更换蠕动泵管，一般 6 个月左右更换一次。

蠕动泵的导管更换流程如下：

- 手动操作将蠕动泵关闭；
- 将旧蠕动泵导管取下；
- 手动打开蠕动泵运行 3~4 周使导管内清空；
- 当泵在运转时，将旧导管顺时针方向取出；
- 将新导管一端安紧在接头上，再用手将它顺时针方向绕滚动轮转动，使它平整地安装在蠕动泵内壁上，确保导管既不太紧，也不太松，而且没有扭曲；
- 让蠕动泵运行 3~4 个周期，使导管能够自我调节到适当的张力，如果发现导管太长，应在它的上部未端将它剪短；
- 仪器的电磁阀用于流路控制和排放控制，因为口径较大，不容易堵塞，因此在实际应用中故障较少，日常运行中发现堵塞时可将电磁阀旋开，用清水将堵塞物冲走即可。

2. 消解系统检查

仪器的消解系统包含玻璃反应杯、搅拌器、加热器和温度传感器等关键部件。

（1）日常运行需要定期观察玻璃反应杯是否有裂缝或者泄漏，如有，需要及时更换；

（2）搅拌器由搅拌子和搅拌电路板组成，搅拌子直接在反应溶液中工作，用于反应溶液的搅拌混匀，保证溶液的充分和快速反应，搅拌速度可以通过搅拌电路板进行调节；

（3）搅拌器搅拌出现故障时会导致仪器测量结果出现较大的偏差，所以平时运行需要调整好转速，如果搅拌器不工作，需要更换搅拌电路板或者搅拌电机；

（4）加热器和温度传感器用于反应溶液的温度控制，保证反应在设定的温度范围内进行，其中加热电极外壳由稀有金属组成，直接在溶液中加热，提高了加热效率，温度信号由温度电极传输到中央控制器，据此控制加热电极的工作状态；

（5）加热器不能正常工作时仪器会出现加热报警，仪器停止工作，需要检查和更换加热棒或者加热电路板。

3. ORP 电极更换与检查

ORP 电极作为滴定终点的判断工具，在分析仪中有着非常重要的作用，ORP 电极一般每 12 个月更换一次，更换时将连接 ORP 的传感线接头旋松拧开，然后将保护套旋出，取下 ORP 电极和塑胶垫圈，将垫圈和保护套依次套进新的 ORP 电极，放入反应杯中旋紧，最后连接好传感线。ORP 电极尤其是电极末端的球泡是易碎品，更换时要小心碰撞。

日常运行测量出现数据偏差或者故障时，需要注意检查 ORP 电极电位。可以根据 ORP 电极电位判断电极状态，即在反应过程中，若溶液中草酸钠过量，溶液呈无色，则 ORP 电极电位应小于滴定终点电位值；若溶液中高锰酸钾过量，溶液呈红色，则 ORP 电极电位应大于滴定终点电位值；如果不是这样，则可能 ORP 电极已经老化，需要更换。

4. 仪器的标定

高锰酸钾滴定法具备良好的线性，所以高锰酸盐指数分析仪一般采用两点标定来对仪器进行校准，但是不同校准溶液的使用会产生不同的标定结果，一般常用的标准溶液有草酸钠标准溶液，间苯二酚标准溶液和葡萄糖标准溶液。其中，草酸钠标准溶液最容易被高锰酸钾氧化，而葡萄糖的氧化率则比较低，所以大部分仪器采用草酸钠作为标准溶液来进行标定。

标准溶液的浓度可以根据实际水样的高锰酸盐指数值来进行选择，一般一个星期标定一次。

草酸钠溶液和高锰酸钾溶液在高温和光照下容易分解，给测量和校准带来误差，如果仪器停机时间较长后重新使用，需要更换试剂后重新标定，或者将试剂管路中的残留试剂先抽走再抽入新鲜的试剂后进行标定。

（五）常见故障分析及处理

分析仪一般自带报警和报警显示功能，当仪器运行出现故障时，仪器会自动报警并显示报警内容，仪器随后处于停机状态，故障解除后自动恢复测量（表 6–17）。

表 6–17　常见报警内容与解决措施

故障	报警原因	解决措施
采样液面报警	采样杯缺测量水	检查采样杯是否有足够测量水，如没有，则检查仪器和采水系统是否有管路堵塞以及系统采水是否正常。否则，就是液位计或其导线有问题
标液液位报警	缺标液或者线路问题	更换新的标准溶液。如不能消除报警，则可能液位计或其导线有问题
消解液位报警	缺消解液或者线路问题	更换新的消解剂。如不能消除报警，则可能液位计或其导线有问题
氧化剂液位报警	缺氧化剂或者线路问题	更换新的氧化剂。如不能消除报警，则可能液位计或其导线有问题
还原剂液位报警	缺还原剂或者线路问题	更换新的还原剂。如不能消除报警，则可能液位计或其导线有问题
数据异常	没有斜率，标定未通过	1. 检查标液是否正常，更换新的试剂与标液，重新标定。 2. 重新标定仍然显示斜率错误的话，检查 ORP 电极是否正常或者光源是否正常

续表

故障	报警原因	解决措施
控制点报警	水样异常或者标定异常	测量值超过设置的报警点，检查水样是否异常，如果水样正常则仪器需要重新标定
加热时间报警	加热器异常或线路问题	加热棒或者加热板坏了，需要更换
滴定报警	仪器异常、试剂、线路问题	1. 检查加热器是否正常，在手动操作菜单中打开阀 5 放入清洗水至反应杯中，打开加热棒加热看温度是否上升。 2. 检查试剂是否正常，可能是高锰酸钾浓度过低或草酸钠浓度过高，若试剂正常，则检查 ORP 电极电位是否正常
搅拌子不转	搅拌电路板或搅拌电机坏了	更换新的搅拌电路板或搅拌电机
加热棒不加热	加热电路板或加热棒坏了	更换新的加热电路板或加热器
仪器不能启动	主保险丝断了	更换保险丝（在电源箱内）
显示屏黑屏	保险丝断了	更换保险丝（在电源箱内）
通信异常	通信连接线没插好或有故障； 主控制板通信模块有故障	检查通信连接线； 维修或更换主控制板
参数读取异常	主控制板配置失败	恢复出厂设置，并重新配置参数；必要情况下联系客户维修部

四、总磷分析仪

（一）概况

1. 总磷的介绍

总磷，简称为 TP，水中的总磷含量是衡量水质的重要指标之一。水中磷可以元素磷、正磷酸盐、缩合磷酸盐、焦磷酸盐、偏磷酸盐和有机团结合的磷酸盐等形式存在。其主要来源为生活污水、化肥、有机磷农药及近代洗涤剂所用的磷酸盐增洁剂等。

富营养化是指因水体中N、P等植物必需的矿质元素含量过多而使水质恶化的现象。水体中含有适量的N、P等矿质元素，这是藻类植物生长发育所必需的。但是，如果这些矿质元素大量地进入水体，就会使藻类植物和其他浮游生物大量繁殖。这些生物死亡以后，先被需氧微生物分解，使水体中溶解氧的含量明显减少。接着，生物遗体又会被厌氧微生物分解，产生出硫化氢、甲烷等有毒物质，致使鱼类和其他水生生物大量死亡。发生富营养化的湖泊、海湾等流动缓慢的水体，因浮游生物种类的不同而呈现出蓝、红、褐等颜色。富营养化发生在池塘和湖泊中就是“水华”，发生在海水中就是“赤潮”。池塘和湖泊的富营养化不仅影响水产养殖业，而且会使水中含有亚硝酸盐等致癌物质，严重地影响人畜的安全饮水。

2. 水质类别

我国《地表水环境质量标准》（G 3838—2002）规定了不同水质类别总磷的标准限值。

表 6-18 总磷标准限值

单位：mg/L

水质类别	Ⅰ类	Ⅱ类	Ⅲ类	Ⅳ类	Ⅴ类
总磷（以P计）	0.02（湖、库0.01）	0.1（湖、库0.025）	0.2（湖、库0.05）	0.3（湖、库0.1）	0.4（湖、库0.2）

3. 相关标准及技术要求

总磷监测相关标准及技术要求见表6-19。

表 6–19　总磷分析仪相关标准及技术要求

名称及标准号	适用范围	测量范围
《水质　总磷的测定　流动注射－钼酸铵分光光度法》（HJ 671—2013）	地表水、地下水、生活污水与工业废水	0.02mg/L~1mg/L
《水质　总磷的测定　磷酸盐和总磷的测定　连续流动－钼酸铵分光光度法》（HJ 670—2013）	地表水、地下水、生活污水和工业废水	0.04mg/L~5mg/L
《水质　总磷的测定　钼酸铵分光光度法》（GB 11893—89）	地表水、污水、工业废水	0.01mg/L~0.6mg/L
《总磷水质自动分析仪技术要求》（HJ/T 103—2003）	适用于该类仪器的研制生产和性能检验	

（二）监测原理

目前国内绝大部分厂家使用过硫酸钾－钼酸铵分光光度法为原理开发总磷自动监测仪。该方法具有测试准确度高、测试过程简单、部件成本低、维护简单等特点。从原理以及性能上说，与国外产品并无差异，且国内产品更能符合国情需要。

钼酸铵分光光度法适用于地表水、地下水、工业废水和生活污水中总磷含量的测定。在中性条件下用过硫酸钾使试样消解，将所含磷全部氧化为正磷酸盐。在酸性介质中，正磷酸盐与钼酸铵反应，在锑盐存在下生成磷钼杂多酸后，立即被抗坏血酸还原，生成蓝色的络合物。该蓝色络合物在 700 纳米波长处有最大吸收。

（三）测量流程

样品通过蠕动泵、光电开关组成的计量模块以及多通阀定量输送到消解池中，随后以同样的方式加入一定量的过硫酸钾，在密闭的消解池中加热消解，冷却后加入抗坏血酸和钼酸铵显色，最后以 700nm 波长测定吸光度，通过与已经标定完成的曲线计算水样的实际浓度。

（四）主要部件

1. 蠕动泵：注入排出泵，将试剂、水样和蒸馏水注入和排出测定模块的装置。

2. 液体传感器：检测玻璃管内是否有液体。

3. 多位阀：液体方向切换阀，通过蠕动泵将不同试剂、水样和蒸馏水分别注入到消解模块和测定模块里面，并排出液体。

4. 消解池 / 测定模块：消解水样的装置 / 用来测定水样 TP 浓度的装置，包含消解池、PT100、高压阀、加热丝。

5. 截止阀：用于精确控制蠕动泵的取液量。

6. 电源开关：控制整机电源。

7. 比色接收：检测消解比色模块比色光电信号强度。

8. 参比接收：检测消解比色模块参比光电信号强度。

9. 计量模块：计量模块包含蠕动泵、计量管和液体传感器。计量管，计量液体体积；液体传感器，检测计量玻璃管内是否有液体。

（五）日常维护

1. 试剂

没有特殊说明，所用试剂皆为分析纯。一般试剂 2 周更换一次，特殊试剂需放 4℃冰箱中。

为安全起见，化学试剂应由专业人员准备，配制试剂时请尽量遵守以下保护措施：

（1）穿上安全服（实验工作服）；

（2）戴上安全眼罩 / 面罩；

（3）戴橡胶手套。

2. 泵阀系统

蠕动泵管在长时间的运行中会因为反复挤压产生轻微的变形，因此需要定期更换蠕动泵管，一般 6 个月左右更换一次。

蠕动泵的导管更换流程如下：

（1）手动操作将蠕动泵关闭；

（2）将旧蠕动泵导管取下；

（3）手动打开蠕动泵运行 3~4 周使导管内清空；

（4）当泵在运转时，将旧导管顺时针方向取出；

（5）将新导管一端安紧在接头上，再用手将它顺时针方向绕滚动轮转动，使它平整地安装在蠕动泵内壁上，确保导管既不太紧，也不太松，而且没有扭曲。

让蠕动泵运行 3~4 个周期，使导管能够自我调节到适当的张力。如果发现导管太长，应在它的上部未端将它剪短。

仪器的电磁阀用于流路控制和排放控制，因为口径较大，不容易堵塞，因此在实际应用中故障较少，日常运行中发现堵塞时可将电磁阀旋开，用清水将堵塞物冲走即可。

3. 计量系统

数据的准确和重复性直接体现了仪器的性能，计量的精度又直接影响数据的准确性和重复性。

尽量使计量系统保持洁净，长时间使用计量管内壁容易玷污。故必要时需要两周清洗一次，离线状态下用 30% 的稀硫酸浸泡半小时清洗。计量管中不应有液体残留，以免出现交叉污染。

4. 消解系统

仪器的消解系统包含玻璃反应杯、搅拌器、加热器和温度传感器等关键部件。

（1）日常运行需要定期观察玻璃反应杯是否有裂缝或者泄漏，如有，需要及时更换；

（2）搅拌器由搅拌子和搅拌电路板组成，搅拌子直接在反应溶液中工作，用于反应溶液的搅拌混匀，保证溶液的充分和快速反应，搅拌速度可以通过搅拌电路板进行调节；

（3）搅拌器搅拌出现故障时会导致仪器测量结果出现较大的偏差，所以平时运行需要调整好转速，如果搅拌器不工作，需要更换搅拌电路板或者搅拌电机；

（4）加热器和温度传感器用于反应溶液的温度控制，保证反应在设定的温度范围内进行，其中加热电极外壳由稀有金属组成，直接在溶液中加热，提高了加热效率，温度信号由温度电极传输到中央控制器，据此控制加热电极的工作状态；

（5）加热器不能正常工作时仪器会出现加热报警，仪器停止工作，需要检查和更换加热棒或者加热电路板。

5. 光电系统

仪器应避免震动，强光照射，保持干燥和清洁。

使用交流电，接通电源前，应接地线。搬动仪器时，应先切断电源，避免发生短路，对光电造成不可逆的损坏。

比色部分应有对应的盖子，防止杂光射到光电池上，操作时应手持比色磨砂面，不要触及比色皿的光学平面。

（六）常见故障分析及处理

总磷分析仪常见故障分析及处理见表 6-20。

表 6-20　常见故障分析及处理

序号	故障现象	原因	解决办法
1	加热故障	温度保险管是否导通	温度保险管如果不导通，更换温度保险管
		加热丝是否断开	加热丝如果断开，更换加热丝
		温度传感器是否正常	不正常更换
		接线是否良好	重新接线

续表

序号	故障现象	原因	解决办法
2	无模拟量输入	接线是否有松动	检查接线是否牢固
3	抽不上试剂	蠕动泵管磨损	蠕动泵管磨损，建议 1~3 月更换一次泵管
		管路密封性不好	检查各管路接头处是否扭紧
4	光源故障	光源不能正常打开关闭	检查光源
		接线不良好	检查接线是否良好

五、总氮分析仪

（一）概况

1. 总氮的介绍

总氮，简称为 TN，水中的总氮含量是衡量水质的重要指标之一。总氮是水体中各种形态的有机和无机氮的总称，即硝酸盐氮、亚硝酸盐氮、氨氮与有机氮的总称。水体中含氮的有机氮和无机氮有很多，如 NH_4^+、NO_3^-、NO_2^- 等无机氮，蛋白质、有机胺、氨基酸等有机氮，这些都是水体中氮的主要表现形式，它们在一起，即组成了水质监测中所定义的总氮，以每升水含氮毫克数计算（mg/L）。总氮常被用来表示水体受营养物质污染的程度。

水中的总氮含量是衡量水质的重要指标之一。其测定有助于评价水体被污染和自净状况，地表水中氮、磷物质超标时，微生物大量繁殖，浮游生物生长旺盛，出现富营养化状态。

2. 水质类别

我国《地表水环境质量标准》（G 3838—2002）规定了不同水质类别总氮标准限值（表 6-21）。

表 6-21 总氮标准限值 单位：mg/L

水质类别	Ⅰ类	Ⅱ类	Ⅲ类	Ⅳ类	Ⅴ类
总氮（湖、库，以 N 计）	0.2	0.5	1.0	1.5	2.0

3. 相关标准及技术要求

总氮监测相关标准及技术要求见表 6-22。

表 6-22 总氮监测相关标准及技术要求

名称及标准号	适用范围	测量范围
《水质 总氮的测定 流动注射－盐酸萘乙二胺分光光度法》（HJ 668—2013）	地表水、地下水、工业废水与生活污水	0.12mg/L~10mg/L
《水质 总氮的测定 连续流动－盐酸萘乙二胺分光光度法》（HJ 667—2013）	地表水、地下水、工业废水与生活污水	0.16mg/L~10mg/L
《水质 总氮的测定 气相分子吸收光谱法》（HJ/T 199—2005）	地表水、水库、湖泊、江河水	0.2mg/L~100mg/L
《水质 总氮的测定 碱性过硫酸钾消解紫外分光光度法》（HJ 636—2012）	地表水、地下水、工业废水和生活污水	0.2mg/L~7mg/L
《地表水环境质量标准》（GB 3838—2002）	规定了地表水中五个类型分类及其总氮限值	
《总氮水质自动分析仪技术要求》（HJ/T 102—2003）	适用于该类仪器的研制生产和性能检验	

（二）监测原理

在 120℃~124℃下，碱性过硫酸钾溶液使样品中含氮化合物的氮转化为硝酸盐，采用紫外分光光度法于波长 220nm 和 275nm 处，分别测试吸光度 A220 和 A275，按下述公式计算校正吸光度 A，总氮（以 N 计）含量与校正吸光度 A 成正比。

$$A=A220-2\times A275$$

硝酸盐在220nm处有最大吸收，水样中的有机物也在220nm波长有吸收，需要将有机物干扰除去。由于硝酸盐在275nm下几乎没有吸收，但有机物在275nm处还是有吸收，所以用220nm下吸光度减去275nm吸光度的2倍，以得到校正吸光度A。

（三）测量流程

1. 紫外消解法测量流程

样品通过进样系统进入注射泵中，添加NaOH和过硫酸钾混合均匀后，送到消解池，在UV光照射+70℃加热消解15分钟，生成NO_3^-离子，然后，又抽取试剂回到注射器，并添加HCl去除水中的CO_2和CO_3^{2-}，最后送到检测池在220nm和275nm处测试样品的吸光度，并与满量程TN标准液及蒸馏水（零点）的吸光度计算后得出样品的TN浓度。

2. 高温高压消解法测量流程

水样进入消解池（稀释量程再加入空白水）后加入氢氧化钠及过硫酸钾溶液，在122℃下消解10分钟，将水样中的总氮氧化为硝酸盐氮，冷却后添加HCl去除水中的CO_2和CO_3^{2-}，最后送到检测池在220nm和275nm处测试样品的吸光度，并与满量程TN标准液及蒸馏水（零点）的吸光度计算后得出样品的TN浓度。

3. 内部结构

整个仪器的内部结构包括计量单元和消解单元两部分组成，其中计量单元主要完成各种试剂、液体的抽取和废液的排放，消解单元完成消解反应和测量检测。计量单元包括抽液泵、计量模块和多通阀三部分组成，由于注射器和蠕动泵本身具有计量功能，因此，有些设备计量单元没有单独的计量模块。

管路的切换主要依靠多通阀完成，常见的多通阀有机械式的，例如岛津的八通阀，也有多个通道的电磁阀组合。

由于总磷、总氮无论是测量原理还是测量流程都存在一定的共通性，因此，很多仪器厂商经常把总磷、总氮两种检测因子做成一体机。一体机的优点就是结构紧密、占地少；缺点是一个参数出现故障，整机受影响。无论是一体机还是单体机，在测量流程上是没有任何区别，只是在计量单元有所区别。

（四）主要部件及维护

1. 计量单元

目前，市面主流的计量单元有注射器和蠕动泵+计量模块两种，注射器自带刻度计量模块，适合小剂量液体抽取，蠕动泵一般都会配备计量模块，也有采用直接采用蠕动泵直接计转圈数量进行计量。

（1）注射泵

注射泵安装到多通阀的注射泵连接口（向下的口）上。安装时不要使用工具，用手拧上。拧得过紧时，会导致多通阀内的树脂部分变形，造成漏液。

①将柱塞固定螺丝用手拧到柱塞托上固定；

②用套桶和衬垫，将清洗气配管连接到注射器上；

③对注射器进行零点检测。

备注：注射器初次安装和更换时，必须进行注射器零点检查。

（2）蠕动泵

蠕动泵更换方法如下：

①停止测试，关闭模块电源；

②更换软管；

③进水样测试，查看更换后模块是否正常；

④做好更换软管的记录。

（3）计量模块

计量模块更换方法如下：

①关闭电源，除计量模块背部信号连接线；

②拧掉计量模块上的样管接头；

③将计量模块固定零件卸下，将旧的计量模块拆除；

④按照相关步骤装上新的计量模块。

2. 消解单元

（1）检测器测试原理

检测器主要由光源、单色器、样品池，光电流检测器等部分组成。光电流检测器的光电管装有一个阴极和一个阳极，阴极是用对光敏感的金属（多为碱土金属的氧化物）做成，当光射到阴极且达到一定能量时，金属原子中电子发射出来。光愈强，光波的振幅愈大，电子放出愈多。电子是带负电的，被吸引到阳极上而产生电流。光电管产生电流很小，需要送到 I/O 板放大后再送到 CPUboard 处理。

根据朗勃特—比尔定律：光源发出的光（I_0）照射溶液时，一部分光（I）通过溶液，而另一部分光被溶液吸收了，这种吸收是与溶液中物质的浓度和液层的厚度成正比的，数学式表式为：

$$\text{吸光度（吸收度）：} A=-\log I/I_0$$

I 为样品光通量的测定值；

I_0 为纯水光通量的测定值。

$$\text{试样浓度 } C=[(A-Az)/(As-Az)]\times Cs$$

C 为试样浓度，A 为试样吸光度，Az 为零点吸光度，As 为满量程吸光度，Cs 为满量程标液理论浓度。

（2）消解单元

将固定用弹簧或卡扣卸开后，很轻易就能将消解池和 UV 灯取出，请注意动作要小心，不要弄破消解池。

3. 日常维护与保养

（1）日常检查（每周一次）

①查看仪器运行状态灯，异常情况及时处理；

②确保水样在检测时正常流动，并检查管路是否有堵塞、泵的工作状态是否正常；

③定期清洁滤网和预处理单元；

④检查清水的供应情况，确保清水开关常开，水量供应正常；

⑤及时添加蒸馏水，确保蒸馏水水位在合理范围内；

⑥检查计量单元是否有漏液情况，并确保计量单元取样时无大的气泡，必要时进行清洁或更换泵管（柱塞头）；

⑦做好整机清洁工作，确保无漏液、无破损情况；

⑧定期做好零点和量程校正。

（2）主要部件检查和维护（每半年一次）

①检查消解单元，并做好清洁工作；

②检查 UV 灯的工作情况；

③检查监测器是否有漏液；

④检查水管管路及接头；

⑤检查采样杯，清洗滤网；

⑥检查计量管；

⑦检查反应池。

（3）常用零配件更换周期

总氮分析仪常用零配件更换周期见表 6–23。

表 6–23　总氮分析仪常用零配件更换周期

序号	零配件	更换周期
1	泵头	6 个月
2	柱塞头	6 个月
3	蠕动泵管	6 个月
4	UV 灯	1 年
5	消解器	1 年

（4）仪器检查维护

①阀的检查

a. 检查阀是否完全密封，以防止漏气；

b. 检查阀的所有管路是否连接紧密。

②计量模块的检查

a. 内壁是否结垢；

b. 内壁是否有漏液现象；

c. 内部是否有气泡。

③ UV 灯和反应管的检查

a. 检查 UV 灯是否过期；

b. 检查反应管是否有残留污染物；

c. 检查反应管各个连接管路是否完好连接。

④仪器试剂

a. 试剂采用优级纯试剂配置；

b. 检查试剂桶内部管路是否正常（防止试剂管打折）；

c. 检查试剂采样管路无堵塞、无泄漏、无气泡；

d. 检查废液桶（及时处理废液）。

（五）常见故障分析及处理

总氮分析仪常见故障分析及处理见表 6–24。

表 6–24　总氮分析仪常见故障分析及处理

序号	报警内容	可能原因	采取措施
1	缺水样	不能从外部系统获取水样	检查外部采水系统
		阀组件或样品管路被堵塞或破损	更换或清洗堵塞部件和管路
		管路气密性有故障	采用渗胶带增加气密性
		蠕动泵损坏	更换损坏部件

续表

序号	报警内容	可能原因	采取措施
2	缺试剂	相应的试剂缺少	添加相应的试剂
		阀组件或样品管路被堵塞或破损	更换或清洗堵塞部件和管路
		计量模块失效	采用生胶带增加气密性
3	加热异常	反应池热电偶有故障	更换热电偶
		反应池加热丝有故障	更换加热丝
4	冷却超时	风扇卡死或损坏	检查，更换风扇或热电偶
		反应池热电偶有故障	
5	计量异常	计量管被污染	清洗计量管
		计量模块故障	更换计量模块
6	测量异常	发射光源有故障	维修或更换信号板
		接收光路有故障	更换光纤
7	仪表漏液	管路接头松动	拧紧接头，必要时增加渗胶带
		管路破损	更换破损管路
		密封圈破损	更换密封圈

六、叶绿素 a 分析仪

（一）概况

在生态学中，特别是生态环境质量评价中，浮游植物的量是一个重要指标，而浮游植物的衡量指标一般是通过检测叶绿素和蓝绿藻密度来实现的。同时，通过检测叶绿素，可以获得水体初级生产力的情况。近年来，随着富营养化、水华和藻类（主要是蓝藻和绿藻）异常频发，危害到饮用水供应和渔业生产，人们对富营养化的关注越来越大。因此，对叶绿素 a 和蓝绿藻密度的检测也越来越重视。

叶绿素分析主要是分析叶绿素 a/b，在水质环境监测中所说的叶绿素一般指的是叶绿素 a。叶绿素的检测标准为《水质叶绿素 a 的测定分光光度法》（HJ 897—2017），适用于地表水。

（二）监测原理

叶绿素 a 分析仪是专为水中的叶绿素 a 测量而设计的。该分析仪采用特定波长的高亮度 LED 激发水样中植物细胞内的叶绿素 a 发出荧光，传感器中的高灵敏度光电转换器会捕捉微弱的荧光信号从而转化为叶绿素 a 数值。

（三）测量流程

不通过提取，直接将发射光照射水体，水体中含叶绿素物质体内的叶绿素 a 发射出荧光，通过检测荧光获取叶绿素 a 的浓度。这是目前叶绿素 a 在线分析、快速分析和现场分析普遍采用的方式，所采用的激发光一般为 470nm，发射光一般选取在大于 680nm。

（四）主要部件及维护

在线式叶绿素 a 分析仪由控制器、叶绿素 a 传感器组成。

1. 控制器

控制器可以支持数字化叶绿素 a、蓝绿藻密度传感器，并且拥有完善的对外接口，可以方便地实现传感器组网、远程控制、故障诊断等工作。

2. 叶绿素 a 传感器

（1）清扫设置：设置传感器清扫参数。手动清洗，需操作人员启动其清洗，清洗次数设置为 1 次，在清洗时，清洁刷正反转各一次；自动清洗，可以设置清洗时间间隔，清洗次数。

（2）校准：传感器校准。

（3）参数设置：设置传感器参数，包括平均次数、量程等。

（4）通信设置：设置传感器通信波特率、通信地址，一般情况下无须更改。

（5）报警信息：显示传感器报警信息。

3. 日常维护检查点

维护频次为 1 次 / 月。维护时请注意以下事项：

（1）安装在室外的控制器请检查变送器安装箱体，是否有漏水等现象；

（2）检查控制器的工作环境，如果温度超出控制器的工作稳定范围，请采取相应措施，否则控制器可能损坏或降低使用寿命；

（3）控制器的外壳是塑料外壳，不要用坚硬物体刮擦，请使用软布和柔和的清洁剂清洁外壳，注意不要让湿气进入控制器内部；

（4）检查控制器显示数据是否正常；

（5）检查控制器接线端子上的接线是否牢固，注意在拆卸接线盖前将 220V 交流电源断开；

（6）传感器维护。

传感器维护频次及内容见表 6–25。

表 6–25　传感器维护频次及内容

频次	维护内容
1 次 /30 天	传感器清洗
1 次 / 半年	传感器校准
1 次 /1 年	更换清洁刷条
1 次 /3 年	更换清洁刷座

①传感器清洗

保持传感器测量窗口的清洁对于获得正确的测量数据非常重要，应该定期检查测量窗口是否有污染物或者清洁刷损坏。如果遇到清洁刷无法清洁的污染物时，请使用潮湿的镜头纸或者布轻轻地擦拭传感器表面，对于不易溶解的污染物，建议使用低浓度的酸性溶液，切勿使用酒精或其他有机溶剂清洗。

②更换清洁刷

拆下原清洁刷后，将新的清洁刷安装上去即可。

（五）常见故障分析及处理

叶绿素 a 常见故障分析及处理见表 6–26。

表 6–26 叶绿素 a 常见故障分析及处理

故障现象	故障判断	排除方法	备注
开机无显示	电源断开，显示屏损坏	检查 220VAC 电源，重启	
通信异常、控制器显示通信故障	线缆连接问题，波特率不匹配	检查线缆连接和通信参数设置，重启	

七、蓝绿藻密度分析仪

（一）概况

蓝绿藻又称蓝藻，由于蓝色的有色体数量最多，所以宏观上现蓝绿色。蓝绿藻普遍存在于地表水中，当水体富营养化，蓝绿藻会大量繁殖，破坏水体的碳酸盐平衡，影响地表水的 pH 变化。蓝绿藻密度分析主要是分析藻类中的藻蓝蛋白，藻蓝蛋白在指定波长的照射下，会发出荧光，通过实验室分析，可以换算出蓝绿藻密度。

（二）监测原理

蓝绿藻密度分析仪是专为水中的蓝绿藻密度测量而设计的。该分析仪采用特定波长的高亮度 LED 激发水样中蓝绿藻发出荧光，传感器中的高灵敏度光电转换器会捕捉微弱的荧光信号从而转化为蓝绿藻密度数值。

（三）测量流程

不通过提取，直接将发射光照射水体，水体中蓝绿藻体内藻青蛋白和衍生的藻蓝蛋白发射出荧光，通过检测荧光获取蓝绿藻的浓度。这是目前蓝绿藻在线分析、快速分析和现场分析普遍采用的方式，所采用的激发光一般为590nm，发射光一般选取在大于630nm。

（四）主要部件及维护

在线式蓝绿藻密度分析仪由控制器、蓝绿藻密度传感器组成。

1. 控制器

控制器可以支持数字化蓝绿藻密度传感器，并且拥有完善的对外接口，可以方便地实现传感器组网、远程控制、故障诊断等工作。

2. 蓝绿藻密度传感器

（1）清扫设置：设置传感器清扫参数。手动清洗，需操作人员启动其清洗，清洗次数设置为1次，在清洗时，清洁刷正反转各一次；自动清洗，可以设置清洗时间间隔，清洗次数。

（2）校准：传感器校准。

（3）参数设置：设置传感器参数，包括平均次数、量程等。

（4）通信设置：设置传感器通信波特率、通信地址，一般情况下无须更改。

（5）报警信息：显示传感器报警信息。

3. 日常维护检查点

维护频次为1次/月。维护时请注意以下事项：

（1）安装在室外的控制器请检查变送器安装箱体，是否有漏水等现象。

（2）检查控制器的工作环境，如果温度超出控制器的工作稳定范围，请采取相应措施，否则控制器可能损坏或降低使用寿命。

（3）控制器的外壳是塑料外壳，不要用坚硬物体刮擦，请使用软布和柔和的清洁剂清洁外壳，注意不要让湿气进入控制器内部。

（4）检查控制器显示数据是否正常。

（5）检查控制器接线端子上的接线是否牢固，注意在拆卸接线盖前将220V交流电源断开。

（6）传感器维护。

蓝绿藻密度传感器维护频次及内容见表6-27。

表6-27　蓝绿藻密度传感器维护频次及内容

频次	维护内容
1次/30天	传感器清洗
1次/半年	传感器校准
1次/1年	更换清洁刷条
1次/3年	更换清洁刷座

①传感器清洗

保持传感器测量窗口的清洁对于获得正确的测量数据非常重要，应该定期检查测量窗口是否有污染物或者清洁刷损坏。如果遇到清洁刷无法清洁的污染物时，请使用潮湿的镜头纸或者布轻轻地擦拭传感器表面，对于不易溶解的污染物，建议使用低浓度的酸性溶液，切勿使用酒精或其他有机溶剂清洗。

②更换清洁刷

拆下原清洁刷后，将新的清洁刷安装上去即可。

（五）常见故障分析及处理

蓝绿藻密度分析仪常见故障分析及处理见表6-28。

表 6–28　蓝绿藻密度分析仪常见故障分析及处理

故障现象	故障判断	排除方法	备注
开机无显示	电源断开，显示屏损坏	检查 220VAC 电源，重启	
通信异常、控制器显示通信故障	线缆连接问题，波特率不匹配	检查线缆连接和通信参数设置，重启	

八、质控模块

（一）质控模块功能

质控模块具备对高锰酸盐指数、氨氮、总磷、总氮自动分析仪进行 24 小时零点漂移核查、24 小时量程漂移核查、加标回收率测定、标样核查等功能，实现仪器重复性、准确性等性能指标的自动核查。在集成系统上为每台仪器增设了质控模块，仪器进样、加标回收率核查、标样核查（当仪器自带标准样品通道时，该功能通过仪器自身实现）等功能均可通过该模块实现。

（二）加标模块工作流程

质控模块由供样系统、加标系统、做样系统、排空系统以及清洗系统组成。

1. 供样系统

集成系统通过泵将沉砂池中的水样抽入样杯供样，直到样杯右侧试样溢流。当水样没有没过右侧的液位传感器时，提示缺试样报警，系统测量停止。

2. 加标系统

（1）动态加标：平台获取常规水样监测数据后，根据加标原则确定加标量。再由加标量反算需添加的高浓度标液（C0）的体积 V0；固定加标：控制软件根据预先设定好的加标量核算需要添加的高浓度标液的体积 V0。

（2）V0 确定后，泵 3（柱塞泵）抽取相应体积的高浓度标液，并通过泵 2 全部吹入到样杯右侧的容器内。

（3）控制软件开启鼓泡泵，鼓泡混匀水样，完成加标。

3. 做样系统

（1）常规水样测量做样：仪器抽取样杯左侧试样做样分析。

（2）标准样品核查做样（无标准样品通道仪器）：控制软件触发标准样品核查按钮，打开电磁阀①和②，仪器抽取标准样品做样分析。

（3）加标回收核查做样：仪器在常规测量完成之后，启动加标回收核查，仪器又返回做样。在加标过程完成之后，打开电磁阀①和②，仪器抽取样杯右侧的水样做样分析。

4. 排空系统

仪器测样完成之后，排空样杯水样。顺序打开电磁阀③、加标排空阀排空样杯水样。待水样排空后，关闭电磁阀③、加标排空阀。

5. 清洗系统

控制软件控制清洗泵将自来水通过电磁阀②抽入样杯左侧，再溢流至样杯右侧。控制软件打开鼓泡泵鼓泡清洗样杯。停止后，打开电磁阀③、加标回收阀排空样杯。结束后，打开空压机，从电磁阀②吹气清洗。

（三）质控单元维护

1. 维护要点

质控单元的维护方式通常为检查、清洁和更换，维护周期可根据现场的监测频次和水质情况适当调整（表 6–29）。

表 6-29　质控单元维护要点

维护周期	维护方式	维护内容
每周	清洁	清洁模块水样杯及溢流样杯。 查看水样杯清洁程度，必要的时候对水样杯进行刷洗
每月	检查、更换	检查管路是否通畅，母液抽取是否正常，有无漏水情况。 检查空气搅拌泵工作情况，手动运行测试，控制电磁阀检查其开关是否正常。 更换加标母液，并润洗、填充管路
每季度	检查	检查管路是否通畅、污染，必要时更换相应管路
每半年	检查	检查微量泵的精度，必要时进行维修或者更换。 开展全面的检查保养和隐患排除
每年	更换	维护维修或更换各类泵、电磁阀

2. 质控单元故障及解决方法

质控单元故障及解决方法见表 6-30。

表 6-30　质控单元故障及解决方法

问题	解决方法
水样或者加标样无法抽取	检查电磁阀开关是否正常，如开关异常，则更换电磁阀。 检查管路是否堵塞，清洗相应管路及电磁阀阀体
加标样数据波动较大	检查搅拌泵工作是否正常，如异常，则更换搅拌泵。 检查搅拌是否充分，如不够充分，则适当延长搅拌时间。 检查管路是否漏液。 检查微量泵工作是否正常，如异常，则维修或者更换微量泵
加标样测试值和水样值接近	检查加标样品管路是否堵塞； 检查微量泵工作是否正常，如异常，则维修或者更换微量泵

第二节　山东省地表水水质自动监测系统运行管理制度

山东省在全国较早实行了环境质量“上收一级”管理和市场化、专业化、规模化的第三方运营，避免了“考核谁、谁监测”的问题，弥补了环保部门运维力量的不足，提高了自动监测系统运营维护技术水平，最大限度地避免了可能的地方行政干预，全面提升了数据质量和监测公信力。

一、山东省主要河流断面水质自动监测站运行管理规定

（一）总则

第一条　为了加强全省主要河流断面水质自动监测站（以下简称水站）运行管理，确保水站长期稳定运行、数据准确可靠，依据有关规定制定本规定。

第二条　本规定适用于全省省控水站的运行管理，地方投资建设的水站运行管理可参照此规定。

（二）机构与职责

第三条　实行省环境信息与监控中心（以下简称“省监控中心”）负责运行及管理，专业技术单位（以下简称“运维单位”）负责巡检维护和故障维修，地方环境监测机构（以下简称“保障单位”）负责基础条件保障的运行维护管理机制。

第四条　省监控中心负责制定水站运行管理相关制度、文件，负责对自动监测数据审核确认，负责对水站抽查比对和质控考核，负责对运维单位、保障单位考核等。

第五条　运维单位负责保障水站的正常稳定运行和故障维修，负责水站

的巡检维护、标准核查、人工比对、设备维修、年度检修等。

第六条　保障单位负责水站站房、采水系统、监测仪器和其他配套设施等的看护，保证水站安全。

（三）运行与质量管理

第七条　从事水站运行管理、维修维护的专业技术人员必须具有环境监测和相关专业知识，熟悉水站系统和仪器设备运行原理，参加中国环境监测总站或省环保厅组织的技术培训并通过考核后持证上岗。新调入从事水站运行维护工作的人员，在未取得上岗证之前，应在持证人员的指导下工作，其系统和仪器操作及数据报告质量由持证者负责。

第八条　省监控中心按照《山东省环境质量和污染源监督考核监测管理办法（试行）》规定的内容和要求，每月对 30% 的水站进行抽查比对，每半月对停运水站采样监测一次，根据需要收取超标自动留样进行复测。不定期对运维单位发放密码样进行现场质控考核。

第九条　运维单位须成立办事处，制定运行维护规章制度，设立质控实验室，配置相应质控仪器设备，配备足够数量的专业运维人员和车辆，组成专门的专业运维队伍，分片就近对全省水站进行巡检维护和故障维修。

第十条　运维单位每天专人远程实时监视数据，发现数据异常及时调查处理，并将处置情况报省监控中心。每周至少进行 1 次现场巡检，巡检时做好水站系统的检查、仪器校准、隐患排除及外部设施的检查工作。

第十一条　运维单位每周使用国家认可的质控样（或按规定方法配制的标准溶液），对在线分析仪进行 1 次标准溶液核查；每月进行 1 次对比实验。

第十二条　水站出现故障时，运维单位须在 2 小时内提出解决方案，24 小时内赶赴现场进行维修排除故障，48 小时内恢复正常运行，做好维修后监测设备的调试及性能测试；如不能及时修复，必须更换备用整机并报告省监控中心；应急状况下，服从省监控中心调度，接到通知后快速赶到站点，并携带便携式水质分析仪对水样现场测定，与自动监测结果进行比较。

第十三条　运维单位应建立备品备件及易耗品库，按照规定的设备维护周期，不论是否损坏定期及时更换指定的备品备件，试剂缺少时要及时补充、到期及时更换，按照规定的内容，每年进行 1 次检修。

第十四条　运维单位每次完成巡检、核查、比对、维修、备件更换、年度检修及性能测试后，都要做好详细记录，每月存档一次并报省监控中心。

（四）数据管理

第十五条　省监控中心按照国家和省有关技术规范对自动监测数据审核确认，对无效数据进行处理并标识，及时向省环保厅领导、有关处室和单位提供监测数据，定期对数据存档备份。

第十六条　经批准，地方站可根据管理需要远程登录省环境自动监控平台查看或调取水站数据，应用于地方环保工作。运维单位因水站运行维护需要可查看监测数据，但不得以任何方式和途径复制、使用、传递水站数据。

第十七条　水站数据由省环保厅按国家及省有关规定进行发布，其他单位和个人未经授权不得以任何方式进行发布。

（五）点位与资产管理

第十八条　水站的资产由省监控中心负责按有关规定统一管理，并进行固定资产建账。运维单位和保障单位协助省监控中心做好水站固定资产管理工作。

第十九条　水站监测仪器设备因主要零部件（不含易损件及耗材）损毁无法正常运行，需更换硬件设备或整机的，由省监控中心提出，经省环保厅确认后组织更换。

第二十条　当水站所在断面的代表性或水文条件发生变化，或水站长期不能正常运转时，由省监控中心根据实际情况向省环保厅申请移动或撤销该水站，所需费用由省环保厅负责。受地方建设项目或规划的影响，水站需要迁址时，地方环保部门必须提出书面申请，经省环保厅批准后方可迁址，迁址所需费用由地方环保部门负责落实。

第二十一条　运维单位和保障单位必须遵守省环保厅、省监控中心有关水站的管理规定，做好水站的运行管理工作。凡因维修维护或看护保障不当造成的资产损失，相关单位要承担损坏责任并在规定时间内恢复。

第二十二条 水站仪器设备的使用年限一般为6至8年，水站仪器设备的变更或报废，由省监控中心向省环保厅申请。

（六）考核与奖惩

第二十三条 省监控中心与运维单位、保障单位签订合同，对运维单位和保障单位每半年考核一次，考核结果与运行费的拨付挂钩。

第二十四条 设备运行率、数据准确率达不到要求的，给予运维单位警告并限期整改，整改无效的终止运维合同，扣除相应费用。保障单位擅自停运、调整设备、改动数据的，在全省通报批评，扣除相应半年度保障费用，出现第2次上述行为的，取消所在市当年度河流断面水质改善奖评比资格。

第二十五条 年度设备运行率、数据准确率均高于95%，考核得分95分及以上的，给予运维单位适当奖励。年度考核得分高于95分及以上的，给予保障单位适当奖励。

第二十六条 运行经费必须单独立账，实行专款专用，不得挪用。省监控中心不定期对运行经费使用情况进行检查，检查结果报省环保厅。

二、山东省主要河流断面水质自动监测站运行管理职责分工

（一）省监控中心按照省环保厅要求，对全省主要河流断面水质自动监测站实行统一管理，具体职责为：

1. 负责水站运行及管理；负责制定水站运行管理和技术管理制度、文件；负责水站固定资产管理和仪器设备的调配；负责水质自动监控软件的修改与升级，负责水站数据库的管理与维护；负责组织水站技术人员的技术培训、技术指导和持证上岗考核；负责对运维单位和保障单位运维、保障情况定期考核。

2. 负责对水站运行情况进行监控，对自动监测数据进行审核确认，按时编制每日超标快报、应急快报、半月报、月报等各类报表，及时向省环保厅

领导、有关处室和单位提供监测数据。承担山东环境网站上全省省控重点河流水质状况的发布。

3. 按照《山东省环境质量和污染源监督考核监测管理办法（试行）》规定的内容和要求，每月对 30% 的水站进行抽查比对，承担水站停运期间水质样品的采集和水质超标时自动留样的收取。不定期对运维单位发放密码样进行现场质控考核。

4. 负责调查核实、处理解决监控中发现或各级环境监测站、环境监控中心反映的监测设备和监测数据问题。监测设备发生故障不正常运转时，协调运维单位及时进行修复；监测数据不准确时，及时对监测设备进行调试校正。

（二）运维单位受省监控中心委托，全面负责水站的日常巡检维护、仪器设备故障维修工作，保证系统的正常稳定运行，具体职责为：

1. 负责保障水站的正常稳定运行和故障维修，保证监测设备运行率和监测数据准确率均高于 90%（“运行率”是指已上传数据量与应上传数据量之比，“准确率”是指有效数据量与已上传数据量之比）。

2. 成立办事处，制定运行维护规章制度，设立质控实验室，配置相应质控仪器设备，配备足够数量的专业运行维护人员和车辆，组成专门的专业运维队伍，分片就近对全省水站进行维修。每个片区至少配置一套便携式分析仪表，每 3 个水站运行维护人员不少于 1 人，每 5 个水站不少于 1 台专用车辆，每个片区到所维护水站最远车程不超过 1 小时。

3. 每天专人远程实时监视数据，发现数据异常及时核实处理，并将处置情况及时报省监控中心。每周至少一次对水站进行现场巡检，每周进行一次标准溶液核查，每月进行一次实际水样比对，每年对每个水站进行一次检修。

4. 水站出现故障时 2 小时内提出解决方案，24 小时内赶赴现场进行维修排除故障，48 小时内恢复正常运行，做好维修后监测设备的调试及性能测试。如不能及时修复，必须更换备用整机并报告省监控中心。应急状况下，服从省监控中心调度，接到通知后快速赶到站点。

5. 每次完成巡检、维修、核查、比对、备件更换、年度检修及性能测试后，都要做好详细记录，每月存档 1 次并报省监控中心。

6. 负责备品备件及易耗品的采购，建立备品备件及易耗品库，按照规定的设备维护周期，不论是否损坏定期及时更换指定的备品备件，试剂缺少时要及时更换。

7. 协助省监控中心做好水站固定资产的管理、自动监测技术交流与培训、自动监测技术研究和验证实验等工作。

8. 负责数采仪的日常维护，需要专业维护的及时报告省环境监控中心。

9. 根据服务合同承担省监控中心委托的其他有关服务工作。

（三）保障单位受省监控中心委托负责水站基础条件保障工作，具体职责为：

1. 负责水站站房、采水系统、监测仪器和其他配套设施等看护，保证水站安全。负责站房和空调的维修，避雷设施的年检，通行、电力和供排水的保障，确保水站基础条件处于正常状态。因看护或保障不善造成损坏影响水站正常运行的，要承担损坏责任并在规定时间内恢复。

2. 发现监测数据异常、停电或水文条件发生重大变化（如河水断流、水位过浅、水面封冻、河道施工等）水站不能正常运行时，要立即报告省监控中心。

3. 安排专人负责水站看护、保障等工作，要做好看护、保障以及异常情况记录，每半年存档 1 次并报省监控中心。

三、山东省主要河流断面水质自动监测站现场巡检制度

（一）为保证现场巡检时及时发现和处理相关问题，保障系统正常运行，制定本制度。

（二）运维人员需每周至少进行 1 次现场巡检，巡检的主要内容有：

1. 检查室外采水管路和采水口水位是否正常，采水口周围有无杂物，做必要的清理。

2. 检查站房是否有漏雨现象，对站房周围的杂草和积水及时进行清除。检查避雷设施是否可靠，站房外围的其他设施是否有损坏或被水淹，如遇到以上问题应及时处理，保证系统安全运行。

3. 查看站房内部情况，包括卫生清洁、温湿度、异常气味、噪音、排风、

空调、安保、空压机、除藻设备、消防设施等。

4. 查看系统软件是否正常运行；查看各台分析仪器及设备的状态和主要技术参数，判断运行是否正常，进行必要的校准。

5. 检查各分析仪器进样、排水、排气、过程温度、工作时序等是否正常，各管路是否有漏液或堵塞现象，管路里是否有气泡等。

6. 检查电路系统和通信线路是否正常，包括接地线路是否可靠，供电系统是否正常，稳压电源是否正常运行，各断路器和阀门等部件是否正常工作，各仪表与工控机的通信是否正常，数采仪工作是否正常，数采仪屏幕数据是否和工控机数据一致等。

7. 检查采水系统、配水系统是否正常，包括采水系统和配水系统的管路是否正常，有无漏水和污物，必要时清洗采配水管路。

8. 检查并清洗电极、泵管、反应瓶等关键部件；检查试剂、标准液和实验用水存量是否有效，添加或更换必要的试剂；更换使用到期的耗材和备件等。

9. 按系统运行要求对流路及预处理装置进行清洗；排除事故隐患，保证水站正常运行。

（三）运维人员要认真填写巡检记录，每月存档一次并报省环境信息与监控中心。

四、山东省主要河流断面水质自动监测站维护维修制度

（一）为规范自动监测设备运维行为，保证维修维护工作的有序开展，特制定本制度。

（二）运维单位应定期对自动监测设备进行维护，具体要求如下：

1. 每周对浮子开关进行清洗，每月对水箱、样水杯、过滤器进行清洗，每 3 个月对系统管路、电动球阀进行清洗，每年对进样管路、过滤器进行更换。

2. 每周对 pH 电极进行清洗和活化，每月用标准溶液进行校正，每年更换电极。

3. 每周对溶解氧电极进行清洗，每月用标准溶液进行校正，每半年更换 1 次膜头和电解液。

4. 每周对电导率、浊度电极进行清洗，每季度用稀醋酸浸泡进行深度清洁。

5. 每月对化学需氧量分析仪内外管路、排液阀进行清洗，对仪表进行校正，添加蒸馏水和试剂；每季度更换蠕动泵管，清洁比色杯、光纤头；每半年更换排液阀，检查工控机主板。

6. 每半月更换高锰酸盐指数分析仪试剂，校正系统；每季度移位、更换蠕动泵管；每年更换试剂管路、排液阀软管。

7. 每月对氨氮分析仪添加电解液；每季度移位蠕动泵管，更换电极膜；每半年更换蠕动泵管、T 型件；每年更换氨气敏电极。

8. 每月清洗超标自动留样器采样瓶、过滤器，每年更换蠕动泵管。

（二）运维单位对自动监测设备进行停机维护时，具体要求如下：

1. 短时间停机（停机时间小于 24 小时）：一般关机即可，再次运行时仪器需重新校准。

2. 长时间停机（连续停机时间超过 24 小时）：如果分析仪需要停机 24 小时或更长时间，一般需关闭分析仪器和进样阀，关闭总电源，并用蒸馏水清洗仪器内部的管路系统和传感器，清洗测量室并排空，对于测量电极，应取下并将电极头浸入保护液中存放，再次运行时仪器需重新校准。

（三）运维单位应对出现故障的仪器设备进行针对性检查和维修，具体要求如下：

1. 应根据所使用的仪器结构特点和厂商提供的维修手册的要求，制定常见故障的判断和检修的方法及程序。

2. 对于在现场能够诊断明确，并且可由简单更换备件解决的问题，可在现场进行检修；对于不易诊断和检修的故障，应将发生故障的仪器或配件送实验室进行检查和维修，并启用备机。

3. 在每次故障检修完成后，应根据检修内容和更换部件情况，对仪器进行校准。

（四）运维单位应对自动监测设备每年进行1次预防性检修，具体要求如下：

1. 按厂家提供的使用和维修手册规定的要求，根据使用寿命，更换监测仪器中的灯源、电极、蠕动泵、传感器等关键零部件。

2. 对仪器电路各测试点进行测试与调整。

3. 对仪器进行液路检漏和压力检查；对光路、液路、电路板和各种接头及插座等进行检查和清洁处理。

4. 对仪器的输出零点和满量程进行检查和校准，并检查仪器的输出线性。

5. 在每次全面保养检修完成后，或更换了仪器中的灯源、电极、蠕动泵、传感器等关键零部件后，应对仪器重新进行多点校准和检查，并记录检修及标定和校准情况。

6. 对完成年度检修的仪器，在确认仪器运行考核通过后，方可投入使用。

五、山东省主要河流断面水质自动监测站质量保证和质量控制制度

（一）为保证自动监测设备正常运行，确保数据准确可靠，制定本制度。

（二）省环境信息与监控中心按规定做好数据审核、抽查比对、监督考核等工作，具体内容如下：

1. 每4小时1次对自动监测数据审核确认，对报出的数据严格执行监控人员、室主任、中心分管领导三级审核制度。

2. 按照《山东省环境质量和污染源监督监测管理办法（试行）》，每月对30%的水站进行抽查比对；必要时收取超标自动留样器中的水样送实验室复测。

3. 不定期对运维单位发放密码样进行现场质控考核，考核频次每站每年不少于1次。对抽查比对和质控考核不符合要求的在线设备，协调运维单位进行校准，并采用实验室分析数据代替自动监测数据。

4. 按照《山东省主要河流断面水质自动监测站运行考核及经费拨付办

法》，定期对运维单位、保障单位进行考核和经费拨付，监督运维、保障工作。

（三）运维单位按照国家和我省有关要求，做好自动监测系统的运维工作，具体要求如下：

1. 自动监测仪器使用的实验用水、试剂和标准溶液须达到 HJ/T 91—2002 中质量保证要求；试剂更换周期一般不超过两星期，校准使用液不得超过一个月；更换试剂后必须进行仪器校准，仪器有特别要求的应按仪器使用说明书执行。

2. 按要求定期进行仪器设备、检测系统关键部件的维护、清洗和标定；更换试剂、泵管、电极等备品备件和各类易损部件，关键部件不能超期使用；更换各类易损部件或清洗之后应重新标定仪器。

3. 每周使用国家认可的质控样（或按规定方法配制的标准溶液），对 pH、溶解氧、化学需氧量、高锰酸盐指数、氨氮等在线分析仪做一次标准溶液核查，相对误差应小于 ±10%，否则需要对自动监测仪器重新校准。

4. 每月对 pH、溶解氧、化学需氧量、高锰酸盐指数、氨氮等在线分析仪进行 1 次对比实验，比较自动监测仪器监测结果与国家标准分析方法监测结果的相对误差，其值应小于 ±15%（化学需氧量按照《HJ/T 355—2007 水污染源在线监测系统运行与考核技术规范》执行），否则需要对自动监测仪器重新校准或进行必要的维护和调整。

5. 建立严格的质控管理档案，认真做好各项质控措施实施情况的记录，包括水站数据日常监视情况、试剂配制情况、每周巡检的作业情况、每周标准溶液的核查结果、每月比对实验的结果、自动监测系统维修维护情况等的记录。

六、山东省主要河流断面水质自动监测站运行考核及经费拨付办法

为做好全省主要河流断面水质自动监测站的运行管理，根据《山东省环

境自动监测系统建设运营管理意见》《山东省环境自动监控系统监测设备省级运行补助费拨付暂行办法》《山东省主要河流断面水质自动监测站运行管理规定（试行）》等有关规定，制定本办法。

（一）考核内容

1. 运维单位

（1）两率。考核设备运行率和数据准确率，要求两率均达到 90% 以上。

（2）运行维护。包括例行巡检、维修维护、备品更换、备机使用、停运期巡检测试、超标留样等内容。

（3）核查比对。用标准溶液每周进行设备性能测试，每月进行实际水样人工和自动监测设备比对等内容。

（4）质量检查。包括密码样测试、人工质控考核、抽查比对、档案完整性和准确性检查等内容。

（5）能力建设。包括运维单位人员配置、车辆配备、便携式分析仪表配置、持证上岗等内容。

具体内容详见表 6–31。

2. 保障单位

（1）保障。保障单位要保障站房的完整性，保障仪器设备和室外采水系统的安全性；要规范安装配置水站防雷设施并定期年检，保证设备免受雷击；要不定期对水站的道路、供排水、供电以及空调等站房配套设施进行维修维护。

（2）档案管理和情况报告。对停水、停电、空调维护等内容要有详细的记录，对水文异常等情况要及时报告。

（3）其他。保障单位人员不得擅自停运、调整设备、篡改数据等。

具体内容详见表 6–32。

（二）考核方式

1. 省环境信息与监控中心（以下简称省监控中心）与水站运维单位、保障单位签订合同，定期进行考核，考核结果与经费拨付挂钩。

2. 实行单站考核、百分制，凡不履行职责或履行职责效果不好的扣除相应分数，直至扣完为止。

3. 分时段考核，精确到天计算。考核打分时应扣除因河道改造、水浅、断流或其他不可抗力影响造成的水站停运时段，因不可抗力影响造成的水站停运时段不参与打分。

（三）经费拨付

1. 拨付依据

根据省监控中心对水站运行情况考核结果每季度拨付一次经费。由省监控中心提出拨付方案，经领导审核后拨付相关单位。

（1）扣除因不可抗力影响造成的水站停运时段，其余时段按水站实际运行情况考核得分进行经费拨付。得分 95 分及以上的拨付全部经费；得分 80 分及以上但不足 95 分的，拨付实际得分相应百分比（即 80%~94%）的经费；得分 80 分以下的扣除全部经费。

（2）因不可抗力影响造成的水站停运时段，对相关单位拨付定期巡检、设备测试和基础保障等费用，按照每站停运时段应拨经费的 50% 进行拨付。

2. 经费使用

水站运行经费包括维护费和保障费，维护费 14 万元 / 站 · 年，保障费 6 万元 / 站 · 年。维护费主要用于运维单位除仪表主机、水质自动采样器主机及工控机更换外的水站巡检，预处理、采配水系统维修更换，仪器仪表维护、零配件及试剂更换，年度检修等；保障费主要用于保障单位对站房和室外采水系统看护、基础条件和水电暖保障等。

3. 经费管理

各有关单位要加强专项资金管理，实行专款专用，不得挤占挪用。按照财政部门有关要求，做好资金使用绩效管理工作。

表 6–31 运维单位考核

考核项目	考核内容	考核要求	扣分标准
两率（35 分）	运行率、准确率（10 分、20 分）	运行率、准确率都在 90% 以上。（“运行率”指已上传数据量与应上传数据量之比，“准确率”指有效数据量与应上传数据量之比。应扣除因不可抗力造成的影响。）	运行率每低 1% 扣 3 分，准确率每低 1% 扣 5 分。
	擅自停运（5 分）	除河道改造、水浅、断流或其他不可抗力因素外，不得擅自停运设备。	1 项次擅自停运扣 5 分。
运行维护（25 分）	例行巡检（4 分）	每周巡检一次，检查室外采水管路和采水口水位，及时清理采水口周围杂物；检查站房漏雨情况、避雷设施可靠性；检查站房内部情况，包括卫生、空调、消防、排风、温湿度、安保等；检查系统软件工作是否正常，查看各台分析仪器的状态，判断运行状况；检查电路系统和通信系统、排水系统和配水系统等。	1 项次未巡检或巡检不到位的或未填写巡检记录的，扣 1 分；填写记录不真实的，扣 2 分。
	维修维护（10）	1. 每周对浮子开关、pH 电极、溶解氧电极、电导率电极、浊度电极进行清洗。 2. 定期添加、更换试剂。所用纯水和试剂须达到相关技术要求，更换周期不得超过试剂有效期，更换主要试剂后应重新校准仪器。试剂瓶须按规范配置，粘贴试剂标签，标明试剂成分、配置日期、保质期等内容。 3. 每月对水箱、样水杯、过滤器、分析仪内外管路、排液阀进行清洗，为仪表添加试剂；用标准溶液对 pH 电极、溶解氧电极进行校正；清洗超标留样器采样瓶、过滤器等。 4. 每季度对系统管路、电动球阀进行清洗；对电导率、浊度电极进行深度清洗。 5. 水站出现故障时 2 小时内提出解决方案，24 小时内赶赴现场进行维修排除故障，48 小时内恢复正常运行，做好维修后监测设备的调试及性能测试。 6. 每年年底要进行一次预防性检修，根据使用寿命，更换仪器中的灯源、电极、蠕动泵、传感器等重要部件；对仪器电路进行整体测试和调整；对仪器进行液路检漏和压力检查；对仪器的输出零点和满量程进行校准，做输出线性曲线。	1 项次做不到或没有填写记录的或填写记录不完整的，扣 2 分；填写记录不真实的，扣 4 分。

续表

考核项目	考核内容	考核要求	扣分标准
运行维护（25分）	备机使用（1分）	设备故障三天及以上且不能及时修复的，应使用备机开展监测。	1项次不使用扣1分。
	备品更换周期（4分）	1. 每半年更换氨氮软管、T形片和薄膜，每年更换氨气敏电极。 2. 每4周更换化学需氧量废液软导管，每半年更换样品管路、废液管路，每年更换消解试剂O型垫圈、活塞，每两年更换所有管路、消解试管、计量O型圈、活塞泵。 3. 每年更换高锰酸盐指数排水阀软管、蠕动泵管和试剂管路。 4. 每半年更换总磷总氮UV灯及泵头的滚轮、软管等部件。 5. 每半年更换溶解氧膜头； 6. 每年更换pH电极； 7. 每年对进样管路、过滤器进行更换。	发现1项次不满足要求，扣1分。
	备品更换及时性（2分）	备品到货后，半天之内更换完成，并进行设备校准，确保仪器正常。	超过半天未更换的，扣2分。
	停运期巡检测试（2分）	因河道改造、水浅、断流或其他不可抗力因素停运的水站，停运期间至少每两周进行一次设备巡检和性能测试。	1项次未巡检测试或记录填写不完全的，扣1分。
	超标留样（2分）	超标留样器保持正常运转，根据省监控中心要求，随时将超标留样送中心复测。	1项次未留样的，扣1分。
核查比对（20分）	周核查（10分）	每周使用国家认可的质控样对pH、溶解氧、化学需氧量、高锰酸盐指数、氨氮、总磷总氮等分析仪进行核查，相关误差应满足要求。	1项次未核查或核查不全面的或未填写核查记录，扣5分。填写记录不真实的，扣10分。
	月比对（10分）	每月对pH、溶解氧、化学需氧量、高锰酸盐指数、氨氮、总磷总氮等在线分析仪进行至少一次实际水样比对，比对误差应满足要求。	1项次未比对或未填写比对记录，扣5分。填写记录不真实的，扣10分。

续表

考核项目	考核内容	考核要求	扣分标准
质量检查（12分）	质控核查（5分）	密码样测试：每半年发放一次密码样，由运维人员做样，在规定时间内将照片、数据等资料报省监控中心。 人工质控考核：每半年由省监控中心人员对设备进行一遍现场质控考核。	密码样测试、人工质控考核1项次不合格扣2分。
	抽查比对（4分）	由省监控中心人员每月例行抽测，抽测比例为所有运行设备的10%。	1项次抽测不合格扣2分。
	档案完整性自查（1分）	运维单位对标液核查记录、维修维护记录、巡检记录、比对记录、年检修记录、备品备件更换记录等资料完整性进行自查。	1项次记录不完整扣1分。
	档案准确性自查（1分）	运维单位对各种记录的准确性进行自查，省监控中心进行抽检，所填写记录要与实际检查情况相符。	1项次记录不符合扣1分。
	档案存档（1分）	每月将各种记录报省监控中心存档。	1项次不上报或上报不及时扣1分。
能力建设（8）	人员配置（2分）	每个办事处运行维护人员不少于2人。	1项次不符合扣1分。
	车辆配备（2分）	每个办事处至少配备1部专用车辆。	1项次不符合扣1分。
	仪器配置（2分）	每个办事处至少配备1套便携式分析仪表。	1项次不符合扣1分。
	持证上岗（2分）	运行维护人员须取得省级或以上环境自动监测人员上岗合格证。	1项次不符合扣1分。
合计	100		

注：每小项可累计扣分，直至扣完所在大项全部分数。

表 6-32　保障单位考核

考核项目	考核内容	考核要求	扣分标准
保障（70 分）	看管及维护（65 分）	保障室外采水系统安全性，保障站房的完整性，保障仪器设备安全性，不定期对通往水站的道路、供排水、供电以及空调等站房配套设施进行维修维护。	每项次保障不到位且维修不及时的，扣 10 分。
	避雷（5 分）	规范设置防雷设施，每年进行年检，保证设备在雷雨季节的安全性。	未设置防雷设施的，扣 3 分；未进行防雷年检的，扣 2 分。
档案管理与情况报告（15 分）	档案记录完整性（10 分）	对停电周期、供水状况、空调维护等方面要有较为详细的记录。	1 项次不完整的，扣 3 分。
	水文异常（5 分）	关注水文等变化，有异常及时通知运维单位，同时报告省监控中心。	1 项次不报告或报告不及时扣 2 分。
其他（15 分）	擅自停运、调整设备、改动数据等（15 分）	保证仪器设备及辅助设施的正常运行，不得擅自停运、调整监测设备，不得擅自进入站房，不得改动监测数据。	1 项次违反扣 15 分。
合计	100	—	—
总得分			

注：每小项可累计扣分，直至扣完所在大项全部分数。

第三节　山东省地表水水质自动监测系统运行管理系统

一、水环境监测数据审核系统

（一）系统总体设计

水环境监测数据审核系统不仅审核自动监测的原始数据，还审核监控交流平台上报的故障信息数据，通过对原始数据以及设备运行状态的质量控制，进行最终的审核确认。

（二）系统部署架构

系统采用省市两级部署，省级部署在云平台，地市级部署在各地市应用环境，运维公司用户可直接应用地市级应用平台。

（三）应用系统设计

系统依据国家相关标准规范，实现对河流断面、饮用水源地监控目标要素的自动监测数据的审核处理，将监测站点上报的故障信息纳入审核依据，最终形成有效数据，保留原始监测数据。并且生成多种类型的统计报表，进行综合统计。

1. 手工审核

系统支持按时间段、监测项目对各监测站点的数据进行手工审核，支持数据查询、导出与审核值 / 原始值曲线，支持人工对数据进行修正和异常标记，且超标数据标红显示，同时根据数据实际上传频率，显示数据并完成数据审核工作。

（1）数据修正

数据修正支持对监测数据的单条和多条批量操作，支持加、减、乘、除等的数据修正操作，并标示数据来源（人工修正 / 巡查对比 / 监督检查），支持数据的恢复。

（2）异常标记

支持对监测数据的单条和多条批量异常（故障）标记操作。异常（故障）标记分为断面状态、断面仪器状态，支持标记的删除。

①断面状态：

水浅、断流、冰冻、未建成、停电、河道改造、停运；

②断面仪器状态：

数采仪故障、工控机故障、其他、采水系统故障、五参数故障（溶解氧故障、水温探头故障、pH 探头故障、电导率故障、浑浊度故障）、氨氮故障、CODmn 故障、CODcr 故障、叶绿素故障、生物毒性故障；

（3）支持监控交流的快速操作；支持数据的复制及发送短信功能。

2. 标准设置

系统显示站点所有历史标准，并可对各监测项目标准进行添加、修改操作。

3. 监控交流

支持按时间段查询情况上报的信息，支持对结束时间、状况详情的修改，及上报信息的删除。

4. 两率报表

支持按时间段查询各监测站点的运行率和准确率，显示序号、站点名称、应上传个数、不准确个数、实际上传个数、准确率、运行率。

5. 小时超标应急报警

支持按时间段查询监测项目的小时超标应急报警信息，并显示超标倍数、监测值、标准值，支持短信的发送。

6. 小时快报

小时快报显示时间、河流名称、河流所在城市、断面名称、监测项目、实测水质、按达标边缘目标评价最低目标、按达标边缘目标评价超标倍数、删除原因。系统提供小时应急超标快报的查询功能，支持数据的复制、删除、撤销删除操作。

7. 日快报

系统提供日应急快报、日超标快报的查询功能，支持数据的复制、删除、撤销删除操作，支持短信的发送。

8. 统计评价报表

综合评价报表是按照不同分类要求和格式，对监测数据进行统计分析，分类形成监测成果表及特征值统计表。报表包含各水环境要素的质量年报和年度环境质量报告书里所需要的统计表，比如同一点位数据（项目）连续折线和标准限值图；同一点位历史同期（2~3 年）比对。

9. 短信发送记录

支持按时间段、接收人名称、接收人手机号、短信内容、发送人 ID 查询短信发送记录；显示短信发送时间、接收人手机号、发送人 ID 和发送内容。

10. 短信发送统计

系统能够按日、月统计各断面监测项目超标短信的累计发送次数。显示流域名称、河流名称、责任人、断面名称、超标日期、超标项目、累计超标次数。

11. 告警提示

系统支持自动告警提示功能，分为数据超标报警、缺数报警、连续三个月原始值相等报警，可以根据系统告警提示，查看相关的监测数据。

12. 远程控制

完成水站监测设备的通信协议对接，实现采集监测设备参数、状态功能，同时对监测设备进行远程控制，包括启停、清洗、校正、测量等。

13. 基础信息维护

（1）站点及监测项目信息维护

实现站点及监测项目等信息新增、修改、删除等操作功能，并增加水站站点名称变更功能。

（2）数据上传频次设置

水站监测数据更新频次设置，可根据监测项目要求，设置不同频次（按照时间间隔进行划分），并在软件界面中进行选择设置。

二、山东省水质自动监测站（含水源地站）监控管理系统

（一）系统整体目标

建设一套符合国际国家标准和山东省需求的，全国一流的，覆盖全省（满足省、市、县〔市、区〕三级需求）范围的集现场状态监控采集、设备远程反向控制、全程网络质控、智能数据有效性分析、数据查询统计、智能数据同步、第三方运营管理的综合水质自动监测监控管理系统。同时，系统涉及所有不满足要求的水质 PLC 仪表控制系统的升级改造和现场数据采集传输系统的升级。

（二）系统集成要求

在应用集成方面应该具备如下特点：

1. 基于平台的统一解决方案

实现应用开发、应用集成和业务流程设计的基本平台尽可能出自同一厂商，减轻实现完整解决方案所需的关系负担，降低复杂性，缩减成本，加强集成。

2. 基于标准

整个系统的体系结构采用了 .Net 的体系结构，所以系统的集成尽可能在统一的结构下面进行集成。

3. 支持多种用户界面

因为应用集成系统可能面对的用户有多种，故要求集成方案支持多种前端用户界面互操作所需的标准，包括应用、Web 浏览器或其他定制界面。

4. 可重复的解决方案

应用集成可以外包，也可以内部开发，然后重复利用许多次，从而降低成本，避免全方位集成。既可以集成以前的遗留系统，也可以集成以后的新建系统。

5. 业务集成策略

业务集成策略为：标准先行，数据集成，业务关联，统一登录。

6. 标准先行

标准先行是首先将环境集成信息系统中各个分系统涉及的标准进行分析，制订标准化体系。

7. 数据集成

数据集成是指将各个业务系统的业务数据有机地集成到数据中心，再提供给其他系统使用。

（三）各子系统功能

1. 水质自动监测数据审核系统

依据国家环保部对自动监测监控数据质量控制的相关规定，对传输到系统平台的数据进行监测数据准确性、有效性、可靠性等方面的检查与审核，对自动监测数据进行质量控制管理，包括对异常数据的自动剔除、补缺以及对部分数据进行人工审核。对监测数据的人工审核要求其处理流程能满足现有的工作流程，经过三级审核后最终形成有效数据。同时，要定期对在线监测设备进行校验，用于和自动监测设备的监测结果进行比对，并按照相关规定选取某一结果作为最终的监测值，实现手工监测数据与自动监测数据的对接，进一步提高数据的质量，以确保采集数据的可用性和有效性，使该监测监控系统的数据能真实地反映出山东省主要河流断面和水源地水质环境现状与变化趋势，为建设环境安全预警和突发事件处置指挥提供真实准确的基础数据，为实现对数据的自动审核和有效性分析。

（1）各站点监测数据的实时显示，仪表状态量的实时显示。界面简洁美观大方，可以实时显示站点当前一段时间内的数据，能对各参数实时值作实时曲线显示，并能方便地更换参数来更换实时曲线。多站点当前数据显示，可以实时按要求选中多个站点，显示各站点最新监测数据，如果该站点没有的监测参数则以“—”显示。如果数据由于设备或仪表状态异常导致无效，则需标注为异常，并以备注方式显示异常原因，方便查看。超过标准的正常数据则红色醒目显示。

（2）各站点 GIS 展示，在线监测数据管理子系统应提供与 GIS 管理平台的接口，以最新的技术，将电子地图完全融合在一起，用户通过简单的点击可以直接查看地图上某个位置的图像，可快速选择所要观察的监视点。对站点位置准确显示，完成在地图上对站点数据显示，异常数据报警显示，状态异常报警显示。

（3）各功能中对站点可分地域进行多级别树状结构划分，按河流划分，按水源类型划分。可对站点进行查询，方便人员对系统各功能的使用。站点查询可按站点名称拼音首字母进行模糊查询。

（4）数据有效性判断。根据仪表状态对数据进行有效性分析，对异常数据进行筛选，可进行查询，并能显示异常原因。有效性分析规则可以配置，如：对选定站点 CODcr 监测值进行有效性判断，需要根据仪表状态库取出该仪表具备哪些状态，并查找有效性规则中查询无效规则，按照规则判断该数据是否有效，如果无效则将数据及异常原因保存到异常数据库以便日后查询。

（5）数据审核，对异常数据进行审核，可根据一定算法进行自动修补，也可手动修补，并将修补后的数据入库，并保留原始数据。

（6）关于数据审核规则配置，要求规则可以配置，亦可以选择规则库中的规则，可以选择将当前规则加入规则库，以便以后选择使用，选择出的规则可以临时修改，一键式修补选中时间段的数据。

（7）按照环保在线监测相关规范的要求，可对某一项目的一条或多条监测数据进行多种数学运算以及增加、设为无效（删除）等操作，实现批量修改。

（8）可设置多个有效性分析公式，根据实际灵活选择分析公式。

（9）审核设置，可根据授权用户的设置，可以对指定的水站点进行同步审核和推迟审核。同时，审核后的数据可根据用户设置的时间再发布。

（10）数据关联，当对历史明细数据进行审核后，对于使用此数据生成的统计数据（日均、月均等）均自动更新。

2. 水质监测设备运行状态远程监控系统

为了实现对数据的有效性判别，必须对原有系统进行扩充改造，使其在获取监测数据的同时，还能获取监测数据的质量码及相关仪器的工作状态，从而以仪器运行状态作为数据有效性的主要依据之一，判断提供的值是有效值还是无效值，进而做质量控制和审核处理。监测系统采集的仪器工作状态包括启动、停止、运行、测量、校零、校标、清洗、试剂添加等。由于不同环境要素的监测频率不同，监测仪器也会处于不同的工作状态，必须建设相对应的水质监测设备运行状态远程监控系统。

水质监测设备运行状态远程监控系统主要包括对水站自动控制系统与水质监测仪表状态监控两部分组成。水站自动控制系统主要负责整个系统的采水、配水、预处理、整体系统控制。设备主要有采样泵、空压机、内部清洗阀、外部清洗阀等管路控制阀门。仪表主要需要CODcr、高锰酸盐指数、氨氮、五参数、采样器等仪表。对状态量的采集主要包括以下几方面要求。

（1）采集系统各电磁阀、采样泵、空压机等系统设备状态量开关信息，配合水站自动控制系统流程图直观形象显示。

（2）建立水站仪表品牌、型号、状态量数据库，以达到对各种型号仪表状态量的兼容接入。例如：对 CODcr、高锰酸盐指数、氨氮、五参数等仪表状态量的采集，先从仪表数据库中查找该站点仪表的品牌及型号，取出具有哪些状态量信息，再对子站上报的状态量进行解析入库，并显示仪表当前状态信息。

（3）仪表状态量异常信息查询。可查询一段时间内站点指定仪表的异常状态量信息。

（4）生成仪表状态量异常信息走势图。直观形象展示仪表的异常情况。

（5）自动监测设备运行状态报告。当出现生产设备停运、治污设备维修、工控机故障、网络中断等情况时，环境监测设备 / 仪器运行状态监测系统只能接收到状态异常信息，但无法辨别故障的具体原因，为及时掌握影响数据上传的具体原因，要求各地市监测中心可以远程上报各类环境监测要素监测设备的运行状态信息，包括设备运行状态、故障原因、起止时间等。

（6）运行状态审核。各地市上报的设备 / 仪器状态信息必须通过省监测中心授权用户审核后才能成为有效信息，审核人确认提交后自动与省监测中心相对应的运行状态进行对接。审核确认后的数据将是有效信息，各地市不可修改，设备 / 仪器运行状态信息与实时数据、历史数据相结合，为系统数据异常、数据审核、各类报表统计提供依据和说明。

3. 水质自动监测远程控制系统

我省水站监控系统由于现场工控机及监测设备的不统一和数据采集仪的局限性造成目前监控中心运行状态数据汇总不全面，无法实现全面的反向远程控制。为实现水站系统的统一管理、数据的多元化采集、监测设备的远程控制、优化数据传输模式、水质在线监测数据的独立存储，必须建设符合我省要求的水质自动监测远程控制系统，系统能获取监测数据的质量码及相关仪器的工作状态，能够远程控制每台自动监测设备并设定相关参数，能够依据自动监测设备状态和在线监测数据情况随时启动自动采样器，能够根据各地环保部门的要求保存所有数据。

（1）对各站点进行与中心服务器时间同步功能。可以选择单一站点同步与全部站点同步，单一站点同步即同步选定的一个站点时间为服务器时间。全部站点同步则广播对时命令到下端各站点，执行时间同步操作。返回各站点对时操作是否执行成功，并统计执行成功与失败个数。

（2）对各站点上报数据频率进行设置，同时设置下端进水采集系统频率同步。

（3）对下位机工控机或数采仪进行重新启动。远程发送命令，对选定站点的工控机或者数采仪进行复位操作。

（4）对各站点仪表进行远程校准，设置仪表可配置参数。如：清洗间隔，校正间隔，清洗时间，校正时间等。注：根据各站点仪表品牌，型号来选择可以设置的配置信息。

（5）对各站点仪表进行远程开启与停止。包括对下端站点各电磁阀、CODcr、高锰酸盐指数、氨氮等可控制仪表进行远程开启与停止操作。

（6）远程即时采样。实现上端软件手动远程控制下端各站点采样器进行即时采样，采样命令发送后，底端站点返回执行结果，如执行成功返回下端采样瓶编号，上端软件记录采样时间、站点，及采样瓶号。

（7）远程设置采样方式与参数配置，可超标留样，故障留样，等时留样。选中站点，可远程获取底端设置的采样类型与各类型的参数配置信息。远程发送命令设置各参数，下端站点返回执行结果。

（8）远程控制各站点系统内部清洗，外部清洗，沉淀池气洗，样品杯清洗，沉淀池过滤芯气洗，管路加气清洗，采样泵采样等动作。需要升级改造原有 PLC 控制系统。

4. 综合接入服务器软件

本系统是一个覆盖全省的网络通信系统，良好的实时通信系统是保障系统发挥作用的基本前提，本项目建设一个综合接入服务器软件系统为全省水质自动监测站提供高效稳定的通信服务。此服务器可以按照我省“统一开发，全省使用”的原则部署在每个地市县，并且每个地市县均独立运行互不干扰。

综合接入服务器软件主要负责各子站与中心站之间的通信，数据的传输，状态量的传输，与子站之间的交互等主要功能。

系统通信方式要求基于C/S模式实现的，系统设置一个实时通信服务器，用来处理系统中的数据传输，判断数据的有效，作为所有客户端（监测子站）数据传输的中转点，其物理位置可位于互联网的任意地方，但必须有可路由的IP；通信服务子系统安装在任何一台连上Internet具有固定IP地址的机器上，要求基于TCP/IP协议，要求支持多种通信方式，比如：CDMA/GPRS/ADSL等。通信服务子系统安装完成需作为一个Windows服务在运行，只要系统启动就能正常运行，在处理过程中出现的所有信息，比如：登录、掉线等，都需要在服务器的事件日志中有记录，另外，它需要直接从数据库中读取各个站点的授权信息，保障系统通信的安全性。数据的传输通过通信服务子系统中转，数据的传输需要解决命令的延时问题、通信冲突问题等，比如当多个监测点同时向服务器上报数据的时候，通信服务器上所有的命令在一个队列中，指令可以有条不紊的处理。此系统是安装在通信服务器上的一个服务器端软件系统，负责数据的接收与中转。此系统也需要是一个相对独立的系统，可以单独运行。监测点通信子系统通过与此子系统建立联结，将数据发送到此子系统，此子系统解析数据确定数据要转发给位于什么位置的监控中心。

5. 水质自动监测数据同步软件

由于水质在线自动监测数据受多方面因素的影响，如网络、电力、监测设备检修、治污设备维修等，若某一点位受到某一因素或某些因素的影响，就有可能出现数据缺失现象，为了补齐由于各种原因造成的自动监测数据缺失，依据国家环境自动监测有关技术规范，结合我省自动监测的实际情况和需要，开发相应的水质自动监测数据同步软件，对缺失数据进行补齐，补充的数据也要进行数据审核。同步采集各水站监测数据及状态，制作中心站数据接入软件，主要功能包括以下几部分：

（1）中心站软件数据库设计要求。

中心数据库系统，该数据库是涵盖了在线数据监测、监测数据处理、仪表状态库、设备仪表状态数据，运营管理系统、一站式系统、远程控制等各系统、未来预警和预案接口等业务的综合环保业务数据库，能够和原有的数据库系统有效整合；采用数据集中处理和存储的原则，规范各类信息和各类数据的关联关系，采用开放式架构，能够方便地整合需要的各类数据信息，彻底解决“信息孤岛”的问题，提供完善的数据为以后决策和预警提供完善的原始数据。

系统数据库平台选择 Oracle 10g 或以上版本。

以环境信息标准体系为基础，在充分进行调研的基础上，深入分析各项环保业务，建设开放的中心数据库，中心数据库中有系统的日志数据、系统的用户数据、系统所有在网设备的设备信息、设备状态数据、各类环保业务基础数据、在线监测数据、统计报表数据、在线监测告警数据等。

根据本期的建设内容和要求，此次数据库系统只设计其中的水站在线监测数据、监测数据处理业务，设备仪表状态数据，远程控制等在今后进行对系统业务扩充时必须在本数据库的基础上进行扩充以保证数据库的统一性和安全性。

中心数据库必须满足如下要求：

①数据库管理系统采用 Oracle 公司产品；

②必须具备方便提供接口，以备其他业务系统调用数据使用；

③设计数据库应符合数据库规范化要求，遵循表、列的命名规则要求，确保数据的一致性和完整性，减少冗余，表之间有关联的应建立主外键；

④在数据库中应根据用户需求设计必要的视图；

⑤各标准数据库根据用户需要导入相关数据，至少有正在使用的环境质量标准、各水质监测标准等；

⑥应提交各数据库的备份恢复机制或方案及电子文档，确保系统管理员根据需要可建立或恢复某个数据库；

⑦需提交数据库结构、表结构以及最终源代码等详细的说明文档。

通过建立环境数据中心，全面提高山东省环境数据管理水平，极大增强环境数据共享服务能力，为环境管理、政府决策、环境信息公开提供全面的多层次的环境数据服务。具体表现如下：

①建立起稳定持续的环境数据共享机制和支持环境，包括全面的支撑数据共享的政策法规、环境数据的规范标准和业务化的组织机构、高水平的人才队伍；

②研制一批高质量紧密结合环境业务的标准数据集，使得山东省水质监测站数据中心成为水质环境数据的收集管理中心和共享发布中心。

（2）中心站接入站点要求：可满足接入500以上的下端站点，确保安全稳定传输。

（3）站点状态显示：显示当前所有在线站点的状态，即该站点是否在线、运转状态等，使系统维护人员能够一目了然地知道当前水站在线站点的运行状态。

（4）掉线报告：系统在运行过程中，由于各种原因，如中心断电、自动站断电、服务器重新启动、网络的不稳定等原因造成数据暂时传输不上来，凡是发生上述状况后，系统自动产生掉线报告。

（5）满足对下端站点的添加、删除、锁定等，对各站点监控因子可灵活配置。

（6）满足数据、状态量等信息的保存达3年以上。

（7）满足对各站点仪表品牌、仪表型号的配置，以达到不同品牌，不同类型仪表状态量兼容统一接入。

（8）实现对下端站点缺失数据、状态量等自动抓补功能。也可人为手动操作，抓补指定站点指定时间段内的数据与状态量。

6. 水质自动监测数据统计查询与发布系统

通过有效性判别后的监测数据可以根据我省不同环保部门的要求发布在相对应的水质自动监测数据统计查询与发布系统中，为广大民众提供了解身边环境质量的一个窗口。同时，要根据各地环保局的日常需要设计各种类型的统计分析报表，报表设计要充分考虑不同环境要素的具体情况，依据审核后的监测数据形成城市报表、超标快报、排放统计、单站报表、多站月报等报表。

（1）原始数据查询，异常状态量的查询。修正后数据查询，查询要求按照站点、时间段统计，可导出 Excel，可打印等。

（2）历史数据天报表，报表格式见具体要求。统计各站点每天数据，包括最大值、最小值、平均值等。可导出 Excel、pdf 等，可打印。

（3）历史数据月报表，报表格式见具体要求。统计各站点每月数据，明细数据为天平均值，包括最大值、最小值、平均值等。可导出 Excel、pdf 等，可打印。

（4）历史数据年、时段报表，报表格式见具体要求。统计各站点每年及任选时段数据，明细数据为月平均值，包括最大值、最小值、平均值等。可导出 Excel、pdf 等，可打印。

（5）图表曲线，按监测参数，生成城市、站点天数据，月数据，年、时段数据曲线。

（6）超标数据查询统计，按时间段对各站点超标数据进行查询，并显示统计超标次数。

（7）河流水质分析，按不同时间段（月、年、时段），按水质类别：列表方式按水系，统计不同水系的断面个数、各水质类别的污染指数百分比，功能区达标率（本年、上年）、污染程度、综合污染指数、主要污染物；列表方式按河流，统计不同河流的断面个数、各水质类别的污染指数百分比，功能区达标率（本年、上年）、污染程度、综合污染指数、主要污染物；列表方式按城市，统计城市所在区内的河流的断面个数、各水质类别的污染指数百分比，功能区达标率（本年、上年）、污染程度、综合污染指数、主要污染物。按项目类别，按不同列表方式，统计监测不同项目的断面个数、各水质类别的污染指数百分比，最大值（数值，超Ⅴ类倍数、断面名称）、同期对比。按水质状况，按不同列表方式，统计各断面目标水质、本年水质、上年水质、主要污染物、备注。

（8）河流断面水质统计，按不同监测项目，日报统计全省所有断面的流域、所在城市、河流、断面水质、剔除上游因素水质、国标（目标水质、当前水质)、省标（上年目标、当年目标、达标情况)、流量、通量。月报统计全省所有断面的流域、所在城市、河流、断面水质、剔除上游因素水质、国标（目标水质、达标率、超标天数)、省标（上年目标、当年目标、达标率、超标天数)、流量、通量。

（9）饮用水源水质统计，按不同监测项目，日报统计全省所有饮用水源地水质、国标（目标水质、当前水质)、省标（上年目标、当年目标、达标情况)。月报统计全省所有饮用水源地水质、国标（目标水质、达标率、超标天数)、省标（上年目标、当年目标、达标率、超标天数)。

（10）水质快报和超标快报，统计全省所有站点的控制城市、所属流域名称、所属河流名称、目标水质、超标项目、日均值、超标倍数、水质类别。

7. 水质自动监测一站式系统维护管理软件

为保障系统稳定、高效、安全的运行，必须建设一套符合我省环保要求的水质自动监测一站式系统维护管理软件。管理人员可以根据需要随时对数据库管理、本地用户管理、远程水站用户管理、本地操作痕迹管理、远程水站操作痕迹管理。

（1）权限管理角色包括群组、用户等，群组是具有一系列权限的统一单位，可对群组进行增加删除权限指派等管理，可指定用户属于哪一个群组，用户则具备群组的所有功能，用户可以同时属于几个群组，权限关系是交集关系，用户自己也可以指定特有的权限。

（2）权限指派包括系统类型指派、系统功能权限指派、站点指派等。

（3）可以远程对下端水站系统用户管理，包括权限指派与停用、更改密码等。

（4）关于操作日志。本地系统操作记录到系统日志。远程水站各种操作，包括其他地市级环保局、监测站等对水站的任何操作日志均记录，并每天定时上传到中心平台，亦可以实时远程调取。

（5）可以根据用户、站点、日志类型，按条件查询中心站与远程站点操作日志。

8. 水质自动监测站运行维护管理系统

由于水质在线监测设备均属于高精度、高运行成本、价格昂贵且非常专业化的设备，只能充分发挥其分析监测的作用，才能体现在线监测最大的社会价值。良好的运行维护管理是水质自动在线监测系统稳定、高效运行的有力保障，是充分环境安全预警及应急处置的能力的前提。系统应该包括可以在资源的分配、在线监测设备的检修管理、日常运营维护管理、水质自动监测站资产管理、水站运行成本精细化管理、故障处理、运营报表方面提供全面综合的解决方案的水质自动监测站运行维护管理系统。

为了更好地管理水站，要设计制作一套简单方便，能掌控各水站运营情况的辅助软件，它主要包括以下几点功能。

（1）站点信息管理，包括各站点建设方，现运营单位，各仪表设备品牌、型号等。

（2）现场维护记录管理，各运营商对各站点的巡查，维护记录，包括问题类型、具体故障描述、处理方案、处理时间等信息。

（3）问题派发管理，监控中心发现站点出现异常，包括通信异常、设备异常等问题，通过系统派发问题给运营商，并可实时跟踪任务执行情况。

（4）故障率，巡查情况月、年统计报表。

（5）运营考核，综合第三方运营商的运营记录、设备故障率，系统有效运行率、数据准确率、超标率等多方面的因素按月考核。对考核不通过的给出合理化建议。

（6）数据比对，依据国家环境保护总局发布的在线监测系统数据有效性判别技术规范中的要求，每月对每个站点所有自动分析仪至少进行 1 次自动监测方法与实验室标准方法的比对实验。对比对不合格的监测点这一个月的数据、设备运行情况、第三方运营记录进行综合评价给出合理化建议，并对第三方运营商给予考核不合格记录。

9. 水质自动监测站现场 PLC 控制系统升级改造

现场 PLC 控制系统升级改造是针对我省不完全符合本系统建设需要的水

站提出的，要求对原有的现场 PLC 控制系统进行升级改造。此系统是水站的中枢系统，它的好坏直接关系到水站是否能够稳定运行，它具有协调各类辅助设备（泵、阀、空压机、管路）与分析仪表的协同工作，为分析仪表能够持续稳定的工作提供保障基础。具体要求如下：

（1）仪表远程控制：接受站级本地采集远程控制系统授权用户与中心平台授权用户的远程控制命令，对各仪表进行相应的控制操作与参数设置。

①仪表控制：控制仪表运行操作与控制仪表流程。

②控制命令：仪表状态复位、开始测量、停止测量、清洗、校准等。

③仪表参数设置：设置仪表自动运行参数。

④设置参数命令：设置清洗间隔、设置清洗时间、设置校准间隔、设置校准时间、设置偏差。

（2）设备远程控制：站级本地远程控制系统的授权用户可以直接控制整个水站，监控中心授权用户可以通过远程控制命令控制水站，PLC 控制整个站点各设备的启停，空压机的打开、空压机的关闭、采样泵的打开、采样泵的关闭、打开关闭电池阀电动球阀等，通过对现场设备状态的判断，判定现场设备的运行情况，实现现场系统状态对测量数据的影响，判断测量数据的有效性。

（3）流程远程控制：站级本地远程控制系统的授权用户可以直接控制整个水站，监控中心授权用户可以通过远程控制命令控制水站，并根据现场设备的实际运行状态判断，控制现场设备的启停，完成系统一系列的工作，包括内部清洗，外部清洗，加气加药清洗，滤芯清洗，溢流杯清洗等动作。

流程控制是将整个水站做一个整体，每次控制包括泵与阀的打开关闭，泵与阀之间还存在着关联性，系统应该具备容错性和纠错性，当出现一个不合理的远程控制指令时，PLC 控制系统要求能够主动拒绝指令的执行并返回拒绝原因。流程控制可以通过 PLC 控制系统本地授权用户实现，也可以通过远程监控中心授权用户通过发送控制指令实现。

（4）采样器参数功能设置

超标采样：即当出现某监测参数在线监测数据不满足门限范围值时控制

系统自动启动水质自动采样器，并抽取指定的原水保留到采样器中。采集远程控制系统的授权用户可以直接设置各监测参数超标采样门限，中心服务器授权用户也可以通过远程控制命令设置各监测参数超标采样门限；也可以组合多个监测参数设置超标采样门限，例如可以设置只有当 CODcr 浓度 >100mg/L 时才进行超标采样。

即时采样：即接受到采样直接启动采样器，无条件执行采样动作。采集远程控制系统的授权用户可以执行采样动作，中心服务器授权用户也可以通过发送即时采样指令驱动现场远程控制系统执行采样动作。

定时采样：即根据设置的时间间隔自动执行采样指令，并将原水保存到采样器中。采集远程控制系统的授权用户可以直接设置定时采样时间与周期，中心服务器授权用户可以通过远程控制命令设置定时采样时间与周期。

故障采样：即当现场分析仪表或者配套系统因为某原因，导致某个污染因子或整个站无法进行自动分析时系统按照已设定的测试周期启动水质自动采样器完成采样动作。采集远程控制系统的授权用户可以直接设置故障采样的条件，中心服务器授权用户也可以通过远程控制命令远程驱动现场远程控制系统保存故障采样的条件。例如可以设置：当 CODcr 分析仪状态为试剂不足或者运行故障时启动故障采样。

采样量：采集远程控制系统的授权用户可以直接设置每次采样的原水量，监控中心授权用户可以通过远程控制命令远程设置每次采样的样水量；

当与水质自动采样器的通信是来自远程的监控中心时，系统必须及时反馈指令执行的结果，将告知其当时动作所占用的采样器瓶号。

（5）仪表远程控制命令分为远程控制指令和现场控制指令，现场控制指令级别优于远程控制指令，当接受到多个相同的控制指令时系统可以只执行第一条收到的指令，并返回拒绝其他指令执行的原因。必须完整、准确、可靠，远程控制误差≤ 1%。

10. 下位机数据采集传输系统

我省部分水站只能上传监控数据，无法实现运行状态的远程监控和远程控制，其他站点也存在运行状态、报警信息、远程控制功能不齐全的问题，导致省及各地监控中心无法全面了解水质自动监测站的具体情况。主要原因之一是这些水站均由不同的系统集成商建设，各自使用不同的系统集成工艺、自动监测设备、工控机、现场控制系统和数据传输规范。依据全省统一管理、各地使用的原则，对不符合要求的水站现场 PLC 控制系统进行改造，对所有水站下位机工控机进行更换，同时对其下位机软件系统升级，使其与改造后的 PLC 控制系统能够完全对接，并将所有数据直接上传到水质自动监测监控中心。

下位机数据采集传输系统是建立在现场 PLC 控制系统和各类分析仪表的基础上的，采用数字接口同 PLC 和分析仪表对接的集本地通信、远程通信、数据存储、信息展示、用户管理的一个综合水站现场应用系统。系统负责接收来自远程监控中心的指令，并根据指令的意图分发执行。例如读取 CODcr 仪表运行状态指令，则将此指令翻译成 CODcr 仪表能够认知的识别码以数字通信的方式发送给 CODcr 仪表，CODcr 仪表解释执行并返回执行结果，系统在接收到 CODcr 仪表反馈的执行结果后立即远程传输给发送此指令的监控中心。系统负责保存所有采集数据，包括在线监测数据，运行状态信息，用户操作日志，远程指令执行日志等。系统负责展示所有保存的数据，并且能够分类查询。

系统主要包括数据采集单元、数据传输单元、现场展示单元、数据存储单元、用户管理单元。

（1）数据采集单元

完成与采集远程控制系统和前端仪表的通信，支持各类仪表的数字接口通信协议，要求准确、可靠，实现通信零误差。

仪表设备：CODcr、CODmn、NH_3-N、五参数、采样器、温度湿度仪等仪表，通过 485 串口、232 串口等硬件通信接口，再根据 Modbus 协议或者其他 ASCII 编码方式等通信协议与仪表交互，读取控制仪表信息与状态。（其中包括每个监测点的不同设备型号与类型，必须准确无误地完成其与采集远程控制系统的通信。）

PLC 通信接口：PLC 是整个采集远程控制系统的中控设备，每个 PLC 的输入信号与输出信号都是控制整个站点设备正常运行的核心，采集远程控制系统必须能准确无误地读取控制 PLC 的每个信号量与中间变量，才能实现对监测点的远程控制功能。（每个站点的中控设备都是 PLC，型号可能各不相同，必须全部解析不同型号 PLC 与采集远程控制系统的通信协议。）

完成仪表实时时钟校准与对时功能（包括各类仪表的对时校准）；仪表对时以采集远程控制系统的系统时间为准，采集远程控制系统必须确保仪表时间与系统时间同步，中心服务器会定时或者通过远程控制操作与采集远程控制系统对时。

要求功能

定时对时：设置对时时间，自动对时。

手动对时：远程控制对时，通过平台远程控制仪表，或者通过采集远程控制系统维护操作对时。

完成各类监测仪表的测量数据、测量状态、运行状态、测量参数、报警信息、标定记录、测量标定周期解析与校准，确保数据准确无误，实时更新。（包括各类仪表不同协议的协议解析与通信，具体分析仪表的状态。）

五参数分析仪

状态：仪表状态、运行状态。

测量参数：pH 标定斜率、电导率标定斜率。

报警信息：溶解氧电极膜坏、溶解氧电解液变质、浊度电极超声。

CODmn、CODcr

状态：仪表状态、运行状态等。

测量参数：修正因子、消解时间、继电器、自动清洗间隔、自动清晰时间、自动校正间隔、自动校正时间、最后校正时间、偏差等。

报警信息：安全板报警、传感器报警、内部总线错误、样水报警、试剂报警、消解液报警、斜率报警、消解温度报警。

NH_3–N

状态：测量状态。

校正记录：校正时间、标液 A 浓度、标液 B 浓度、Ua（A 电极压力）、Ub（B 电极压力）、电极斜率、参比电极、相对斜率、保温块的温度等。

测量参数：自动校正时刻、自动校正周期、自动清洗时刻、自动清洗周期等。

报警：缺试剂报警。

叶绿素

状态：测量。

报警信息：测量异常、探头失效。

（2）数据传输单元

①通过三种可选择的连接方式（电缆、宽带 / 光纤、无线）完成数据采集器与中心控制室数据网络服务器的连接。

②至少支持同时向 4 个以上平台服务器发送不同通信协议的数据状态传输，要求向各平台服务器按照服务器要求的时间传输统一的监测数据、状态、报警信息，并能对每个平台服务器下发的远程控制命令实时地控制系统，并记录远程控制信息。

③支持远程设置监测点采集远程控制系统参数（如：采集参数、传输参数、存储参数等），并记录远程设置记录。

④完成对通信方式、传输速率、通信接口进行设置；和中心站数据采集及处理软件、中心站系统工程师软件进行数据通信。

⑤掉线报告：系统在运行过程中，由于各种原因，如中心断电、自动站断电、服务器重新启动、网络的不稳定等原因造成了数据暂时传输不上来，凡是发生上述状况后，系统自动产生掉线报告，通过掉线报告系统可以进行数据的恢复，也可以采取手工的方式来进行。

⑥补数功能：由于其他原因中心服务器丢失数据，可通过补数命令从下位机补传数据。

定时补传：中心服务器定时检测接收数据，如有丢失自动发送补数命令，补调站点数据，使中心服务器数据完整。

手动补传：中心服务器通过授权用户手动控制，补传站点监测数据。

⑦数据传输应完整、准确、可靠，采集值与测量值误差≤ 1%。

⑧传输数据包括：测量数据、仪表报警信息、仪表状态信息、系统参数等。

（3）现场显示单元

①显示界面：必须直观，能直接体现水站流程与水站设备组成，并能动态体现水站当前运行情况，直观实时反映水站监测参数测量值、系统状态信息、报警信息。

②实时数据显示：必须保证系统显示测量数据与仪表测量数据、上报测量数据同步、准确。

③实时状态显示：实时显示各仪表与设备的当前状态，并在界面有相应合理显示，要求比较直观，表达清晰合理，状态要与仪表、上报状态同步、准确。

④实时报警显示：实时监测各仪表设备的报警信息，在界面有相应显示，要求比较直接，表达清晰合理，状态要与仪表、上报状态同步、准确。

⑤实时曲线显示：对测量数据有相应的实时曲线图，能比较直观地显示出测量数据的趋势，并能对数据进行相应的分析，要求测量数据与曲线相符、同步、准确。

⑥历史数据、状态、报警、远程控制信息查询：能根据时间段查询相应时间段的数据、状态、报警、远程控制记录。

（4）数据存储单元

①数据存储，至少要求本地保存≥ 365 天。

②报警信息存储，至少要求本地保存≥ 90 天。

③仪表远程控制信息存储，至少要求本地保存≥ 365 天。

④软件操作记录存储，至少要求本地保存≥ 365 天。

（5）用户管理单元

①用户权限

用户权限控制严格，只有够权限的用户才能执行相应系统操作。

②用户操作记录

用户进入系统的任何远程控制操作、设置操作都有相关记录，确保能找到直接责任人。

第七章　山东省地表水水质自动监测系统数据应用

水质自动监测系统的地位和作用能否充分体现，关键在于监测数据能否得到有效使用。水质自动监测系统建成投运以来，山东省坚定不移地依靠自动监测数据进行环境管理和环境决策，通过监测数据的应用促进监测数据质量的提高。

一是超标应急。开发了超标信息短信群发系统，实时报送自动监测数据小时超标应急信息，每天报送前一日均值超标的应急快报和超标快报，按照"超标即应急"零容忍工作机制启动应急，组织超标点位所在市环保局按照"快速溯源法"处理程序，快速锁定污染源并采取有效措施，避免污染的进一步扩大和污染事故的发生。每年累计报送应急信息1万余条，超标快报300多期，应急快报200多期，南水北调水质自动监测快报300多期，强化督查快报、污染防治督查快报、水质自动监测周报和月报等100余期，为防范水环境风险、保障水环境安全提供了重要支撑。

二是形势分析。每月召开全省水环境形势分析会，相关处室根据监测数据分析汇报全省主要水环境质量状况，研究打好监管"组合拳"、解决突出环境问题的有效举措。

三是定期通报。每月对17设区城市主要水环境质量进行通报，报送/抄送省、市、县（市、区）党委、政府、人大、政协主要负责人及分管领导，省直有关部门。

四是以奖代补。为充分调动各市抓好水环境质量改善工作的积极性，山东省环保厅与省财政厅联合印发了《污染物减排和环境改善考核奖励办法》，设置河流水质明显改善奖项，以河流断面监测数据作为水环境质量改善奖考核的主要依据，每年拿出专项经费作为"以奖代补"资金，对完成情况好的市实行“以奖代补”。

五是生态补偿。依据监测数据，山东省先后在大汶河流域、小清河流域开展上下游生态补偿试点，以监控断面数据为核算依据，确定上下游生态奖励和赔偿资金额度。以目标责任书中考核断面监测数据为依据，编制实施《地表水环境质量生态补偿暂行办法》和《落实水污染防治行动实施方案评估办法》，为全面贯彻“水十条”提供数据支撑。

六是信息公开。每月在山东环境网站上对全省主要河流断面水质状况进行发布；每月开展环境监测开放日活动；开发水质监测 APP，实时发布水质自动监测数据，保障公众环境知情权。

此外，山东省创造性地提出了“剔除上游因素水质指标”建议，即根据上游入境断面来水水质、河段长度和污染物降解系数，计算经河流自然净化后出境断面的理论水质，若出境断面实测水质比理论水质差，说明该河段污染加重，责任城市对河流水质的改善做了负贡献，要把该负贡献加权到出境断面实测水质上，得到“剔除上游因素水质”，反之亦然。剔除上游因素水质，分清了上下游的责任，有效地增强了各市水污染治理的责任感。为便于普通公众对水环境质量更好地理解、判断和监督，山东省还创新性地提出了“恢复鱼类生长”这一描述性指标，把专业的环境监测数据翻译成公众比较容易理解的语言，在全国开创了以生态指标表征地表水环境质量的先河。

第一节　超标即应急

一、将第二类水污染物严重超标纳入环境安全应急管理范围规定

（一）纳入环境安全应急管理的范围

河流（含排海管线）、湖、库、近岸海域水环境质量指标超过水质控制要

求 1 倍（含）以上的。

其他污染物超标排放可能引发严重环境污染问题的。

（二）报告时限

经核实或确认污染物严重超标排放属于纳入环境安全应急管理范围的，有关单位应在确认后 1 小时内报省厅环境安全应急管理处。

1. 省环境监测中心站报出的监测数据。

2. 省环境监控中心确认的监控数据。

3. 省环境监察总队在执法过程中发现的和环保部 12369 投诉受理中心转来的群众举报、投诉。

4. 厅信访办公室收到的举报、投诉。

5. 厅机关各处室和直属单位在执法过程中发现或接到下级环保业务部门的报告、通过媒体等渠道获知污染物严重超标排放的信息等。

（三）处置程序

1. 省厅环境安全应急管理处接到报告后，根据事件的性质，立即向厅领导报告并提出是否启动环境应急预案的建议。通知流域环境管理处等有关处室和直属单位进入应急状态。传达厅领导的指示并督办落实。

2. 流域环境管理处按处理处置污染物严重超标排放工作程序，组织有关单位和人员迅速开展调查，查明污染物的性质，发生严重超标的时间、地点、原因、排放总量，尽快锁定污染源，分清污染责任；按照属地为主的原则，督促当地政府和污染物严重超标排放单位做好处理处置工作；将调查处理、工作进展情况和处置结果及时反馈环境安全应急管理处；通报或移交有关处室需要协同办理的案件。

3. 其他处室和直属单位按厅领导的指示参与处理处置工作。

（四）责任追究

依据相关法律法规的规定，对于未按规定时间和程序报告的，对于瞒报、谎报的，对于麻木不仁、失职渎职、贻误最佳处置时机的，将严肃追究相关责任人的责任。

二、第二类水污染物严重超标处置工作程序

（一）环境安全应急管理处

1. 接收污染物严重超标的信息报告。了解污染物严重超标发生的时间、地点、超标物质及其浓度、对周边环境可能造成的危害等。

2. 通报有关职能处室，调度开展环境监察、监测和采取的应对措施等情况。

3. 视情向厅领导报告，传达落实厅领导的指示。提出是否向省政府应急管理办公室和环境保护部环境应急与事故调查中心报告、是否启动环境应急预案等建议。

4. 督办有关职能处室和事发地环保行政主管部门的处理处置工作。

5. 收集各有关单位处理处置工作情况，拟制处置工作报告。

6. 整理处理处置过程的有关资料，归档备案，每月一次向厅领导报告当月环境应急处理处置情况。

（二）流域环境管理处

1. 接到环境安全应急管理处通知后，立即进入应急状态。

2. 组织水质超标的监测断面控制区域所在市环保局迅速开展现场调查，查明污染物的性质、排放浓度及影响范围，尽快锁定污染源，分清污染责任。

3. 开展加密监测，进行特征项目分析，直至水质稳定达标。

4. 按照属地为主、依法行政的原则，督促当地政府责令责任单位停止违法行为，限期采取治理措施，消除污染。

5. 对省环境监控中心确认的和人工监测报出的超标排污情况，市环保局接到通知后 24 小时内未能反馈调查处理情况且断面水质未能达标的，立即组

织省环境监测中心站、省环境监察总队开展现场调查。

6. 对现场调查情况、监测数据和市环保局反馈的调查处理、工作进展情况和处置结果，及时通报环境安全应急管理处。

7. 需要协同办理的案件及时通报或移交有关处室。

（三）省环境监测中心站（省监控中心）

1. 监测发现第二类水污染物严重超标排放属于纳入环境安全应急管理范围时，监测人员应立即向监督监测科长报告，经分管站长和站长审核无误后，在 1 小时内以监测快报形式报省厅环境安全应急管理处。

2. 快报内容包括：超标单位、超标点位、超标断面名称、采样时间、监测项目、评价（执行）标准、超标倍数等主要信息。快报可分别以书面或短信等形式报告。

3. 根据省厅通知，启动应急监测预案，配合省厅有关处室开展应急监测工作。

（四）省环境监察总队

1. 总队有关科室接到省厅环境安全应急管理处通知后，立即向总队领导报告。

2. 总队领导根据通知要求，立即启动《省环境监察总队环境应急预案》，成立应急监察小组，迅速赶往集合地点配合省厅有关处室开展应急工作，或直接赶赴现场完成省厅交办的应急监察处置任务。

3. 应急监察小组到达现场后，对污染物严重超标的时间、地点和原因开展调查，制作现场勘验笔录和现场调查询问笔录，做好现场取证工作，视情提出处理意见。

4. 应急监察小组将调查处理进展情况和监察处置结果及时上报总队领导和省厅应急办。

5. 现场应急监察处置工作结束后，应急监察小组收集有关处置资料，将应急处置情况上报省厅，并及时存档。需要移交省厅有关处室处理的案件，应急监察小组按照有关规定做好相关取证材料的移交工作。

三、省控重点河流断面自动监测数据启动超标即应急标准及程序调整

（一）2012 年调整

到 2012 年底，全省重点污染河流全面消除达标边缘断面（化学需氧量不超过 45mg/L，氨氮不超过 4.5mg/L）。其中，南水北调东线一期工程山东段输水干线全线达到Ⅲ类水质标准，黄河以南段各控制单元监测断面达到规划目标。严格落实“超标即应急”零容忍工作机制和“快速溯源法”工作程序。

（二）2013 年调整

为了充分发挥自动监测的预警作用，对省控重点河流断面自动监测数据启动“超标即应急”的标准及程序作以下调整。

1. 省控重点河流断面自动监测日均值超过达标边缘水质目标、南水北调沿线断面自动监测日均值超过《南水北调东线工程山东段控制单元治污方案》规划目标要求时，省环境信息与监控中心以《自动监控超标应急快报》形式报送应急处（节假日同时以短信形式报送）。应急处按有关规定及时启动应急程序。

2. 省控重点河流断面自动监测瞬时数据超标 0.5 倍以下时，省环境信息与监控中心核实确认后 1 小时内以短信形式报送应急处。应急处对报送的超标断面立即进行比对，对于已启动应急的断面，持续关注其瞬时值超标变化情况。对于没有启动应急的断面，在该断面连续 2 个瞬时值超标 0.5 倍以下时，立即通知流域处调查处置。

3. 省控重点河流断面自动监测瞬时数据超标 0.5 倍（含）以上时，省环境信息与监控中心立即以短信形式报送应急处。同时，监控人员赴现场核实，若现场核实数据有误，及时短信反馈应急处，即“报核同步”。应急处对报送的超标断面及时进行比对，对于已启动应急的断面，持续关注其瞬时值超标变化情况。对于没有启动应急的断面，应急处按有关规定立即启动应急程序。

（三）2014 年调整

2014年省控河流断面COD和氨氮浓度改善目标分别为40mg/L、3mg/L（南水北调沿线仍执行《南水北调东线工程山东段控制单元治污方案》规划目标）。

自 2015 年 1 月 1 日起，将“省控河流断面 COD 浓度超过 40mg/L、氨氮浓度超过 3mg/L”的情况（南水北调沿线仍执行《南水北调东线工程山东段控制单元治污方案》规划目标），纳入环境安全应急管理范围。各级环保部门要按照规定，落实好“超标即应急”工作机制和“快速溯源法”工作程序，抓好超标河流断面的应急管理工作。

（四）2015 年调整

2015 年省控河流断面水质改善目标为“COD ≤ 40mg/L、氨氮浓度≤ 2mg/L”（省辖南水北调沿线仍执行《南水北调东线工程山东段控制单元治污方案》规划目标）。

自 2015 年 10 月 1 日起，将“省控河流断面 COD 浓度超过 40mg/L、氨氮浓度超过 2mg/L”的情况（南水北调沿线仍执行《南水北调东线工程山东段控制单元治污方案》规划目标），纳入环境安全应急管理范围。各级环保部门要按照规定，落实好“超标即应急”工作机制和“快速溯源法”工作程序，抓好超标河流断面的应急管理工作。

山东省逐步加严“超标即应急”标准，之后陆续执行化学需氧量 35mg/L、氨氮 1.8mg/L 的标准，以及水环境功能区划的标准，促进了全省水环境质量的持续改善。

四、环境监测超标情况快速报告办法

（一）快报内容

全省各流域（淮河流域、海河流域、半岛流域、小清河流域、黄河流域、南水北调区）断面水质日均值超标（化学需氧量及氨氮日均值有一项超标即为断面超标）情况，其中南水北调和淮河流域跨省界国家考核断面日均值超标或其他流域省考核断面日均值超过上年度水质改善目标 0.3 倍以上的报省局分管局长。

（二）快报格式

采用固定格式报告（见附件），包括主要河流超标断面名称、超标城市空气自动站点名称和超标企业名称、采样时间、监测项目、评价（执行）标准、超标倍数等主要信息。

（三）编写审核与签发

自动监测超标快报由监控中心负责编写，经值班人员审核后主要负责同志签发，按照规定及时上报。

（四）快报方式和要求

自动监测快报次日上午报告，快报采用电子邮件的方式上报，同时报送文字快报。

（五）质量保证

严格按照自动监测相关技术规定和制度，采取有效质量控制和质量保证方法，加强全过程的质量控制。

（六）建档

建立健全快报档案，自动监测快报由监控中心负责整理每季度办公室归档。

附件

环境自动监测超标快报

第 × 期

（总第 × 期）

省环保局：

我中心在 × 月 × 日环境自动监测监控中，发现 × 等 × 个河流断面水质/× 等 × 个重点监管企业/× 等 × 个城市污水处理厂监测结果日均值超标。特此报告（具体超标情况见下表）。

表 1　河流断面水质超标情况

序号	断面	河流	流域	断面属性	所在地区	监测时间	超标项目	监测结果	执行标准	超标倍数

表 2　重点污染源超标情况

序号	企业（污水处理厂）	控制级别	所在城市	监测时间	超标项目	监测结果	执行标准	超标倍数

编制人：审核人：签发人：

山东省环境信息与监控中心

× 年 × 月 × 日

报送：省局分管局长、污控处/流域处、省环境监察总队

第二节　形势分析

一、全省环境形势分析会议制度

（一）会议时间

全省环境形势分析会每月召开一次。原则上于每月 10 日上午 9 时召开，逢节假日顺延至第一个工作日。如有调整变化，另行通知。

（二）参会人员

会议由厅长主持，厅领导和有关处室、直属单位主要负责人参加。主要负责人不能参会的应至少提前一天向厅长请假，并指派其他负责人代替参会。参加汇报的处室、单位可带一名助手。

（三）主要议程

1. 工作汇报。由相关处室和单位主要负责人采用幻灯片方式汇报，汇报内容应当简明扼要。省环境监察总队汇报重点监察内容检查落实情况，省环境监测中心站汇报环境人工监测情况，省环境信息与监控中心汇报环境自动监控情况，流域环境管理处汇报水环境形势，污染防治处汇报大气环境形势，办公室（信访办）汇报环境信访情况，省环境宣传中心汇报环保宣传报道及舆情监控情况。

2. 会议讨论。厅领导和参会处室、单位主要负责人针对环境形势讨论发言。

3. 安排部署工作。根据汇报和讨论情况，确定突出环境问题和重点监察内容，并就如何打好环境监管“组合拳”进行工作部署。

（四）会议准备及会议精神落实

1. 会议准备。由污染物排放总量控制处负责会议组织，由省环境信息与监控中心负责保障视频会议系统等有关设备处于正常状态，各汇报单位应当于会前调试完有关设备。

2. 会议纪要。由污染物排放总量控制处负责整理，在 1 个工作日内报厅长审定，印发相关处室、单位。

3. 突出环境问题、重点环境监察内容及其他任务的落实。重点环境监察内容由污染物排放总量控制处于会议结束 2 个工作日内，交省环境监察总队办理；突出环境问题和会议确定的任务由各处室、单位按照分工认真抓好落实。突出环境问题和任务落实情况，由污染物排放总量控制处每季度调度汇总一次，并在全省环境形势分析会上通报。

二、加强全省环境形势分析工作有关要求

为进一步加强环境形势分析工作，决定将每月全省环境形势分析纳入厅务会议研究。

（一）会议时间

原则上于每月 10 日上午 9 时召开，逢节假日顺延或提前一至二个工作日。如有调整变化，以正式通知为准。

（二）参会人员

会议由厅长主持，厅领导及厅机关有关处室、直属单位主要负责人参加。因故不能参会的，应向厅长请假。汇报处室、单位可带一名助手参会。

（三）会议议程

1. 处室、单位汇报。由处室、单位主要负责人采用幻灯片方式汇报。汇报时间原则上控制在 6 分钟以内，最长不超过 8 分钟；省环境监察总队可根据工作内容适当延长，但不应超过 15 分钟。汇报内容应当简明扼要，主要针对环境形势进行分析，甄别突出环境问题，提出工作措施及具体建议。

省环境监察总队汇报重点监察内容检查落实情况，环境监测处汇报环境监测和环境质量情况，环境安全应急管理处汇报环境安全形势，流域生态环境管理处汇报水环境形势，污染防治处汇报大气环境形势，办公室汇报环境信访情况，省环境宣传教育中心汇报环境舆情监控情况。每季度第二个月，污染物排放总量控制处汇报上季度突出环境问题和任务落实情况。其他需要汇报的事项，处室、单位应当经分管厅领导同意后提前 3 天将汇报文稿报厅长审定，并告污染物排放总量控制处。

2. 会议发言讨论。主要就存在问题和工作措施建议进行讨论，发言应简明扼要。

3. 安排部署工作。根据汇报和讨论情况，确定突出环境问题和重点监察内容等。

（四）会议准备及会议精神落实

1. 会务工作。会议通知、会场布置等由污染物排放总量控制处负责；视频会议系统等有关设备的保障由省环境信息与监控中心负责；各汇报单位应于会前完成相关设备的调试工作。

2. 汇报材料准备及审定程序。汇报单位在准备幻灯片汇报稿的同时应准备书面汇报材料，重点包括环境形势、存在的主要问题、对策建议等。书面汇报材料应经处室主要负责人审核后，报分管厅领导审定，并按厅务会议材料格式印制 15 份，交由污染物排放总量控制处发厅领导参阅和存档。

3. 编发会议纪要及督办。由污染物排放总量控制处负责整理会议纪要，并在 1 个工作日内报厅长审定。经办公室编号，印发相关处室、单位，并按照《山东省环境保护厅政务督查管理办法》对会议确定的事项予以立项督办，同时在山东环境网站上及时发布信息。

4. 突出环境问题、重点环境监察内容及其他任务的落实。重点环境监察内容由相关业务处室商省环境监察总队确定，并于会议结束后 2 个工作日内书面交省环境监察总队办理；突出环境问题和会议确定的任务由各处室、单位按照分工抓好落实。突出环境问题和任务落实情况，由污染物排放总量控制处每季度调度汇总一次，并在会上通报。

5. 编报全省环境保护工作情况通报。汇报单位应于每季度第一个月会议结束 1 个工作日内向污染物排放总量控制处提供上一季度全省环境形势季度分析的书面材料。内容包括环境质量情况、重要环保工作情况、存在问题及下步建议。污染物排放总量控制处汇总后报办公室，由办公室整理形成《重要工作情况通报》，并按程序报省委办公厅和省政府办公厅。

6. 会议材料存档按档案管理要求执行。

三、关于环境形势分析会汇报工作有关事项

按照省厅要求，本着反映环境监测和环境质量情况、时间不超过 8 分钟的原则，提出环境形势分析会汇报有关事项，其中地表水环境相关要求如下。

（一）汇报内容

1. 水环境

（1）本月 91 个断面 COD/ 氨氮（分 2 个版面）平均浓度，同比情况（不插图）；多少断面 COD/ 氨氮超过 45/4.5mg/L，所占比重，污染较重的 3 个断面（按全月均值统计，包含人工、自动，配插图），根据数据情况进行对比，深入分析。

（2）22 项指标全监测情况。每季度第一个月汇报上季度监测总体情况。

以上内容由省监测站提供。

2. 超标即应急

（1）超标即应急共报送多少次（含人工、自动），各流域超标次数，超标次数最多的 3 个断面。

（2）22 项指标监测每月超标即应急情况。

（3）根据数据情况进行对比分析。

以上人工监测超标情况由省监测站提供，自动监测由省监控中心提供。

3. 突出环境问题与建议

由省监测站和省监控中心根据以上内容分别提出。

（二）有关要求

1. 成立形势分析会汇报工作小组，监测处主要负责同志任组长，省监测站、省监控中心主要负责同志为成员。

2. 省监测站、省监控中心每月 7 日前将形势分析会所需材料（包括幻灯片和书面汇报材料）报监测处，8~9 日工作小组对材料审查，报厅分管负责同志审定。如遇形势分析会提前召开，汇报材料报送时间相应提前。

3. 省监测站、省监控中心指定材料报送具体联系人。

第三节　定期通报

一、关于环保情况定期通报的意见

（一）日通报。每天向社会公布一次设区城市建成区的空气质量状况。此项工作由省环境监测站负责。

（二）旬通报。每旬向各市市委书记、市长、分管市长、环保局通报一次本旬省级按“四个办法”检查、监测情况和对存在问题的处理意见。此项工作由省环保局法规处会同污控处、流域处、监督处、省环境监察总队、省环境监测站负责。

（三）月通报。每月向省、市、县三级党委、人大、政府、政协和省直各部门，各市、县（市、区）分管环保工作的负责同志，各市、县（市、区）环保局通报一次各市省控重点监管企业达标排放情况，各市城镇污水处理厂达标排放情况，全省主要河流断面水质情况（表 7–1）。此项工作由省环保局总量办会同污控处、流域处、省环境监测站负责。

（四）季通报。每季向各市分管环保工作的市长、各市环保局通报一次各市省控重点监管企业和城镇污水处理厂污染物减排情况、各市燃煤电厂脱硫工程进展情况、各市省控重点水污染企业治污工程进展情况。此项工作分别由省环保局总量办、污控处、流域处负责。

（五）半年通报。每半年向省、市、县三级党委、人大、政府、政协和省直各部门，各市、县（市、区）分管环保工作的负责同志，各市、县（市、区）环保局通报一次各市污染物总量减排情况。此项工作由省环保局总量办会同污控处、流域处负责。

（六）年度通报。每年向全省各级各部门和社会各界通报一次全省和各市污染物总量减排情况，发布《山东省环境质量状况公报》。此项工作由省环保局总量办会同污控处、流域处、省环境监测站负责。

表 7-1　全省主要河流水质情况

年　月　日

河流	河流（河段）所在城市	水质		剔除上游因素水质		当年剔除上游因素最低水质目标	
		COD	NH_3-N	COD	NH_3-N	COD	NH_3-N
小清河	济南段						
	滨州段（邹平）						
	淄博段						
	滨州段（博兴）						
	东营段						
	潍坊段	因海水顶托无法监测小清河潍坊段水质，所以监测潍坊市入小清河的主要支流张僧河。					
张僧河	潍坊市						
漯河	济南市						
孝妇河	淄博段						
猪龙河	淄博市						
织女河	东营段						
支脉河	淄博段						
	滨州段						
	东营段						
齐鲁排海管线	淄博段						
	东营段						
广利河	东营市						
淄河	淄博段						
阳河	潍坊段						
	东营段						

续表

河流	河流（河段）所在城市	水质		剔除上游因素水质		当年剔除上游因素最低水质目标	
		COD	NH_3–N	COD	NH_3–N	COD	NH_3–N
杏花河	滨州段						
沂河	淄博段						
	临沂段						
韩庄运河	枣庄段						
薛城小沙河	枣庄段						
薛城沙河	枣庄段						
新薛河	枣庄段						
峄城沙河	枣庄段						
城郭河	枣庄段						
北沙河	枣庄市						
洸府河	泰安段						
	济宁段						
洙赵新河	菏泽段						
	济宁段						
东渔河	菏泽段						
	济宁段						
白马河（济宁）	济宁市						
梁济运河	济宁市						
西支河	济宁市						

续表

河流	河流（河段）所在城市	水质		剔除上游因素水质		当年剔除上游因素最低水质目标	
		COD	NH_3–N	COD	NH_3–N	COD	NH_3–N
老运河	济宁市						
泗河	济宁段						
大汶河	莱芜段						
	泰安段						
沭河	日照段						
	临沂段						
嬴汶河	莱芜段						
白马河（临沂）	临沂市						
武河	临沂市						
沙沟河	临沂市						
邳苍分洪道	临沂市						
新沭河	临沂市						
龙王河	临沂市						
枋河	临沂市						
新万福河	菏泽段						
徒骇河	聊城段						
	德州段						
	济南段						
	滨州段						
马颊河	聊城段						
	德州段						

续表

河流	河流（河段）所在城市	水质		剔除上游因素水质		当年剔除上游因素最低水质目标	
		COD	NH_3-N	COD	NH_3-N	COD	NH_3-N
南运河	德州段						
德惠新河	德州段						
	滨州段						
漳卫新河	德州段						
卫运河	聊城段						
潮河	滨州市						
秦口河	滨州市						
泽河	青岛市						
大沽河	烟台段						
	青岛段						
黄垒河	烟台段						
五龙河	烟台市						
弥河	潍坊市						
白浪河	潍坊市						
潍河	日照段						
	潍坊段						
付疃河	日照市						
母猪河	威海市						
乳山河	威海市						
李村河	青岛市						
虞河	潍坊市						
胶莱河	潍坊段						

第四节　以奖代补

一、山东省污染物减排和环境改善考核奖励办法（试行）

为进一步贯彻落实省政府《关于印发节能减排综合性工作实施方案的通知》精神，省级财政设立了污染物减排和环境改善“以奖代补”资金，对重点河流（河段）水质明显改善等四个方面工作予以奖励，以充分调动各市抓好污染物减排和环境改善工作的积极性，确保全省减排目标的完成和生态环境的持续改善。

（一）奖项设置

重点河流（河段）水质明显改善奖。

考核奖励对象为全省设区的市，共4个奖项。其中，青岛市参与考核评奖，按现行财政体制规定，奖金由青岛市政府解决。

（二）考核奖励依据

根据《全省主要河流水质监测办法（试行）》进行日常检查、监测，并将检查、监测结果作为考核奖励依据。

辖区内本年度发生重大环境污染事故的市，取消获奖资格。

（三）考核内容与方法

1.对全省60条重点河流分别制定“十一五”期间每年要达到的水质目标。考虑到多种因素会使上游水质对下游水质带来一定影响，对上游水污染物衰减后的水质与各市出境断面水质之差，均按70%计算。因拦蓄等原因造成上游断流的，在监测下游水质时，不剔除上游因素。

剔除上游因素水质简易公式为：剔除上游因素水质＝各市出境断面水质－（上游水污染物衰减后的水质－各市出境断面水质）×70%。

2. 衡量水质是否达到了当年水质改善目标，以全年监测数据的平均值为依据。凡是达到上年水质改善目标和当年水质改善目标平均值的，视为达到了当年的水质改善目标。

3. 以COD水质实现目标率的65%与NH_3–N水质实现目标率的35%之和，作为河流（河段）实现目标率。

4. 各市重点河流（河段）综合水质平均实现目标率，以各市所有重点河流（河段）水质实现目标率的平均值计算。

5. 先从所有重点河流（河段）全部实现目标的市中评选，再从平均实现目标率较高的市中评选。同样情况下，优先考虑河流（河段）较多、河流（河段）较长、河流较大、水质要求较高的市。

6. 市内所有重点河流（河段）COD剔除上游因素水质平均值，或氨氮剔除上游因素水质平均值高于上年的，一律不得获奖（此规定从2009年开始执行）。

7. 重点河流（河段）平均实现目标率排名前9位的市获奖。总奖金4200万元。其中，一等奖3名，奖金各800万元；二等奖3名，奖金各400万元；三等奖3名，奖金各200万元。

（四）考核奖励单位的确定

省环保局根据上年日常检查监测的数据和本办法规定，提出获奖名单，由省财政厅审核后确定。

（五）奖金的使用与监管

1. 奖励资金必须专款专用，全部用于污染防治、环境监测和执法能力建设。

2. 省级财政将奖励资金拨付到市级财政部门后，市级财政部门会同本级环保部门在两个月内确定具体项目，并将具体项目清单报省财政厅、省环保局备案。

3. 市级财政、环保部门要加强项目管理，对项目进度、建设管理及项目减排情况进行监督检查。

4. 省财政厅和省环保局对奖励资金使用情况，进行不定期或重点监督检查。省财政厅驻有关市财政检查办事处对专项资金使用情况进行全过程跟踪监督。凡不按规定使用奖励资金的，省财政厅停止拨付资金，情节严重的，收回已拨付的资金，并依照有关法律、法规规定追究相关责任人的责任。

二、山东省污染物减排和环境改善考核奖励办法（修订）

（一）考核对象与奖项设置

污染物减排和环境改善考核奖励对象为全省设区的市。共设水环境质量改善奖等 4 个奖项，奖金总额 3000 万元。其中每一个奖项设一等奖 3 名，奖金各 120 万元；二等奖 3 名，奖金各 80 万元；三等奖 3 名，奖金各 50 万元。

（二）考核奖励依据

省环保厅、省财政厅根据《“十二五”主要污染物总量减排核算细则》《山东省环境质量和污染源监督监测管理办法（试行）》《关于构建全省环境安全防控体系的实施意见》《关于将第二类水污染物严重超标和空气严重污染纳入环境安全应急管理范围的规定》等规定，对全省各设区的市进行日常检查、监测，并将检查、监测结果作为考核奖励主要依据。

（三）考核内容与方法

实行百分制，具体计分方法详见附件。

1. 水环境质量改善考核，主要对 17 市辖区内的 59 条省控重点河流断面的水质现状及水质同比改善率进行综合考核，两者各占考核得分的 50%。考核以断面水质的 COD、氨氮二项指标浓度为考核依据，其权重分别为 50% 和 50%。

2. 各跨境断面水质均采用剔除上游因素后的监测值。其中，因拦蓄等原因造成上游断流的，在监测下游水质时，不剔除上游因素。

（四）获奖市的确定

省环保厅根据本办法规定，根据对各市上年度日常检查监测数据计算各市分奖项排名，并分别在省环保厅、省财政厅门户网站公示 7 日无异议后，下达奖励资金预算指标。

获奖的设区的市，要参照本办法规定，对辖区内省财政直接管理县（市）给予相应的奖励。

（五）奖励资金的使用与监管

1. 奖励资金要全部用于环境监测和执法能力建设以及污染防治等支出。市级财政部门要在收到奖励资金后 1 个月内会同环保部门确定具体项目，并将具体项目清单报省环保厅审批后，报省财政厅备案。

2. 奖励资金要专款专用，严禁挤占、截留、挪用。

3. 市级财政、环保部门要加强项目管理，对项目进度、建设管理及项目减排情况进行监督检查。

4. 省财政厅和省环保厅对奖励资金使用情况，进行不定期或重点监督检查。凡不按规定使用奖励资金的，收回已拨付的资金。情节严重的，依照有关法律、法规规定追究相关单位和责任人的责任。

附件

“水环境质量改善奖”考核计分细则

“水环境质量改善奖”采用百分制考核。水质现状及水质同比改善率各占考核得分的50%。考核以断面水质的COD、氨氮二项指标浓度为考核依据。具体考核计分方法如下：

1. 水质现状得分的计算方法：

分别计算出全省及17市所有省控断面剔除上游因素后的COD和氨氮年均浓度，并计算当年17市COD和氨氮的年均浓度与全省年均浓度的比率。其中，各市水质现状的比率取COD比率50%与氨氮比率50%之和。公式如下：

某市水质现状考核得分＝{0.6+0.4〔(某市水质现状比率 –17市中水质现状比率的最低值）÷（17市中水质现状比率的最高值 –17市水质现状比率的最低值)〕}×50分

注：某市水质现状比率＝（全省水质年均浓度 – 某市水质年均浓度）÷全省水质年均浓度

2. 水质同比改善考核得分的计算方法：

以各市上年度所有省控断面剔除上游因素后的COD和氨氮年均浓度为目标依据，分别计算17市当年水质年均浓度比上年水质的同比改善率。其中，各市水质同比改善率取COD同比改善率50%与氨氮同比改善率50%之和。公式如下：某市水质改善考核得分＝{0.6+0.4〔(某市水质改善率 –17市中水质改善率最低值）÷（17市中水质改善率最高值 –17市水质改善率最低值)〕}×50分

注：某市水质改善率＝（某市水质上年年均浓度 – 某市水质当年年均浓度）÷某市水质上年年均浓度

3. 水环境质量改善考核，以分值高者排名靠前。

第五节　生态补偿

一、山东省地表水环境质量生态补偿暂行办法

（一）总则

第一条　为促进全省地表水环境质量持续改善，优良水体逐年增加，加快完成国家下达的水污染防治目标，制定本办法。

第二条　按照“将生态环境质量逐年改善作为区域发展的约束性要求”和“改善者受益、恶化者赔偿”的原则，通过监测评估各设市纳入国家、省地表水环境质量考核的断面（以下简称考核断面）和跨区市饮用水水源地水质达标情况，建立生态补偿机制。

第三条　本办法所称地表水环境质量生态补偿资金（以下简称生态补偿资金）是指依据各市地表水环境质量同比变化情况和水质达标情况，用于对市补偿或市赔偿的资金。生态补偿资金包括水质达标基本补偿资金、水质同比变化补偿（赔偿）资金、水质类别提升补偿资金、劣Ⅴ类水质管控赔偿资金和跨市饮用水水源地补偿资金等。

第四条　国控断面考核数据采用生态环境部确认的监测数据，省控断面、跨市饮用水水源地考核数据采用省生态环境厅确认的监测数据。

第五条　考核断面年度水质达标情况、跨市饮用水水质达标情况采用年度考核方式，水质同比变化情况、水质类别提升情况、劣Ⅴ类断面情况采用月度考核方式。生态补偿资金统一实行年度结算。

（二）基本补偿

第六条　对各市考核断面的氢离子浓度指数、溶解氧、高锰酸盐指数、

五日生化需氧量、氨氮、石油类、挥发酚、汞、铅、总磷、化学需氧量、铜、锌、氟化物、硒、砷、镉、六价铬、氰化物、阴离子表面活性剂、硫化物等21项考核指标年平均浓度进行年度考核，全部达到年度水质考核目标的，即为考核达标，可获得断面达标基本补偿资金。具体核算公式如下：

$$P_{基本补偿}=s\times t$$

其中：

$P_{基本补偿}$——市获得的基本补偿资金。

s——基本补偿标准（万元）。考核断面数为5个及以下的市取1600万元；考核断面数为6~10个（含）的市取1800万元；断面数为10个以上的市取2000万元。

t——断面达标率。各市达标断面的个数与其考核断面总个数的比值。

（三） 水质同比变化补偿（赔偿）

第七条 对各市的考核断面水环境质量同比变化情况进行月度考核。计算单个考核断面氨氮、化学需氧量、总磷、氟化物等4项考核指标同比平均变化情况。考核断面水环境质量同比改善的市，获得补偿资金；同比恶化的市，缴纳赔偿资金。

（一）某一断面的4项考核指标月浓度同比平均变化情况的核算公式如下：

$$Q=\frac{1}{4}\times\sum_{j=1}^{4}\left(\frac{M_j-C_j}{M_j}\right)\times100\%$$

其中：

Q——4项考核指标月浓度同比平均变化情况；

C_j——j考核指标的考核月浓度（mg/L）；

M_j——j考核指标的去年同期月浓度（mg/L）。

（二）4项考核指标月浓度平均变化情况同比改善的市，可获得补偿资金。公式如下：

$$P_{同比改善}=\sum_{i=1}^{n}(Q_i\times w_i\times a_i\times b_i\times k_i)$$

其中：

$P_{同比改善}$——市获得的水质同比改善资金。

n——市同比改善的断面数量。

Q_i——i 断面的 4 项考核指标月浓度平均变化同比改善的情况。

w_i——i 断面的补偿资金标准。i 断面 4 项考核指标月浓度平均变化情况同比改善的取 4 万元 / 百分点 · 月。

a_i——i 断面的水质类别调整系数。上一年度该月 4 项考核指标浓度已达到或优于Ⅲ类水质的断面，同比改善且仍能维持在Ⅲ类及以上水质的取 1.2，其他情形取 1.0。

b_i——i 断面的数量调整系数。总断面数为 5 个（含）以下的市取 1.0，总断面数为 6~10 个（含）的市取 0.85，总断面数为 10 个以上的市取 0.78。

k_i——i 断面的级别系数。国控断面取 1.0，国控入海断面取 0.8，省控断面取 0.6。

（三）4 项考核指标月浓度平均变化情况同比恶化的市，需缴纳赔偿资金。公式如下：

$$P_{同比恶化} = \sum_{i=1}^{m} (y_i \times a_i \times b_i \times k_i)$$

其中：

$P_{同比恶化}$——市缴纳的水质同比恶化赔偿资金。

m——市同比恶化的断面数量。

y_i——i 断面的赔偿资金标准。断面 4 项考核指标月浓度同比平均恶化为 3%（含）以下的取 5 万元 / 断面 · 月，同比平均恶化为 3%~10%（含）及以下的取 50 万元 / 断面 · 月，同比平均恶化 10%~50%（含）的取 80 万元 / 断面 · 月，同比平均恶化 50%~100%（含）的取 130 万元 / 断面 · 月，同比平均恶化 100% 以上的取 200 万元 / 断面 · 月。

a_i——i 断面的水质类别调整系数。上一年度该月 4 项考核指标浓度已达到或优于Ⅲ类水质的断面，同比恶化但仍能维持在Ⅲ类及以上水质的取 0.8，其他情形取 1.0。

b_i，k_i——i 断面的数量调整系数和级别系数。取值同上。

综上，各市所有断面可获得或需缴纳的水质同比变化生态补偿（赔偿）资金核算公式如下：

$$P_{同比变化补偿（赔偿）}=P_{同比改善}-P_{同比恶化}$$

第八条　经评判，当上游考核断面恶化影响下游水质时，将上游考核断面因水质恶化缴纳的资金补偿给下游所在市；非因特殊情形造成考核断面断流的，当月所在市一次性缴纳 30 万元 / 断面 · 月的生态赔偿资金。

（四） 水质类别管控补偿（赔偿）

第九条　对各市某考核断面按照 21 项考核指标进行水质类别提升情况月度考核。水质较年度考核目标水质提升类别的，当月可获得水质类别提升补偿资金。具体核算公式如下：

$$P_{水质提升}=\sum_{i=1}^{n}(d_i \times k_i)$$

其中：

$P_{水质提升}$——市获得的水质类别提升资金。

n——水质类别提升的断面数量。

d_i——i 断面的补偿资金标准。断面水质类别由劣Ⅴ类、Ⅴ类提升到Ⅳ类的取 20 万元 / 断面 · 月；由Ⅳ类提升到Ⅲ类的取 30 万元 / 断面 · 月；由Ⅲ类提升到Ⅱ类的取 40 万元 / 断面 · 月；由Ⅱ类提升到Ⅰ类的取 50 万元 / 断面 · 月。断面提升多个类别的，补偿资金按上述标准叠加计算。

k_i——i 断面的级别系数。取值同上。

无监测数据月份或断流月份不纳入该项考核。

第十条　对各市考核断面水质类别劣于Ⅴ类的情况进行月度考核。水质月浓度劣于Ⅴ类水质的断面所在市，缴纳赔偿资金，具体核算公式如下：

$$P_{劣V}=\sum_{i=1}^{n}(c_i \times k_i)$$

其中：

$P_{劣V}$——市缴纳的劣Ⅴ类赔偿资金；

n——劣Ⅴ类的断面总数；

c_i——i 断面的赔偿资金标准，取 100 万元 / 断面·月；

k_i——i 断面的级别系数，取值同上。

第十一条　经评判，确因上游市考核断面影响造成考核断面水质为劣Ⅴ类的，可免交赔偿金。

第十二条　实行跨市饮用水水源地出境断面水质管控。上游市水源地出境断面达标时，除按本办法前述相应条款享受补偿资金外，按 400 万元 / 断面·年的标准予以补偿资金；上游市出境断面不达标时，除按本办法前述相应条款缴纳赔偿资金外，向下游所在市按 400 万元 / 断面·年的标准赔偿。

第十三条　各市每年获得的资金总额为全年基本补偿资金、同比变化补偿资金、水质类别提升补偿资金、跨市饮用水水源地补偿资金之和减去相应赔偿资金。

二、山东省地表水跨界断面生态补偿评判技术规定

第一条　为保障全省地表水跨界断面生态补偿数据评判客观公正，合理区分上下游或者左右岸污染责任，制定本规定。

第二条　本规定所称上游断面是指上游城市出境考核断面，下游断面是指下游城市出境考核断面。

达标是指某项考核指标数值不超过水质控制目标限值，超标是指某项考核指标数值超过水质控制目标限值。

第三条　生态补偿考核断面及其监测工作，执行《山东省地表水环境质量监测方案》（鲁环函〔2017〕445 号）有关规定。新增支流、直排口及需要调整的断面由省生态环境厅确定，相关市监测。

第四条　关于上下游因素影响的判定。

（一）当某项指标上下游断面均超标，但下游断面浓度小于等于上游断面时，若两个断面之间无其他水汇入或者汇入水质浓度小于等于下游断面浓度，下游断面所在城市不承担该指标同比恶化赔偿和水质类别管控赔偿责任。

（二）当某项指标上游断面超标，下游断面达标但同比恶化时，下游断面所在城市不承担该指标同比恶化赔偿责任。

（三）其他情形不考虑上游对下游影响，采用实际监测数据考核下游断面。

第五条　关于左右岸因素影响的判定。

（一）左右岸均为我省城市，当考核断面超标或者同比恶化时，若一方无其他水汇入或者汇入水质浓度小于等于该断面浓度，判定由另一方承担超标或者同比恶化责任。其他情形下，由左右岸城市共同对该断面水质负责。

（二）对岸为其他省，当考核断面超标或者同比恶化时，若该断面所在我省城市汇入水质浓度大于该断面浓度，判定该城市承担断面超标或者同比恶化责任。其他情形下，该城市不承担断面超标或者同比恶化责任。

第六条　因断流等因素导致无监测数据的，或者因自然灾害等客观原因影响断面水质的，按照《水污染防治行动计划实施情况考核规定（试行）》（环水体〔2016〕179号）执行，其他有争议的情形由省生态环境厅按规定程序确定。

第七条　按照规定需确定临时替代监测点位的，由相关市报省生态环境厅核准，涉及国控断面替代监测点位的需报生态环境部核准。临时替代监测点位经核准后，原点位仍存在径流并对下游水质造成影响的，须一并对原点位开展监测。

第八条　国控断面考核数据采用生态环境部“采测分离”监测数据。省控断面考核数据采用例行监测数据，有自动监测的采用自动监测数据。

第九条　当考核断面水质类别略超类别限值时，考虑测定误差影响，参照《水和废水监测分析方法（第四版增补版）》等相关规定允许的误差评判水质类别。

第十条　存在干预环境监测、篡改或者伪造监测数据、弄虚作假等行为的，一经查实，相关市要承担生态赔偿责任，另一方免责。同时，将按照省委办公厅、省政府办公厅印发的《山东省深化环境监测改革提高环境监测数据质量的实施方案》等有关规定严肃处理；涉嫌犯罪的，移交司法机关依法处理。

第六节　信息公开

一、信息发布规定

为便于公众对信息更全面的了解，按照省厅工作部署，山东省从 2012 年 12 月 20 日开始在山东环境网站发布全省水环境质量监测信息。具体情况如下：

（一）发布内容

发布全省 59 条省控重点河流 91 个断面上一月水质类别、控制区域以及流域断面水质类别统计。

（二）数据来源

省级按照《山东省环境质量和污染源监督监测管理办法（试行）》开展的，省控重点河流断面水质监督监测数据。

（三）发布程序

信息与监控中心每月汇总 59 条省控重点河流 91 个断面省级监督监测数据，由总量处征求各市意见后反馈信息与监控中心，信息与监控中心根据总量处反馈的数据提出信息发布内容，征求流域处意见后于 25 号发布。

二、信息发布平台

山东省重点河流环境质量信息发布平台共有 4 个板块组成：山东省重点

河流水质评价图、山东省主要河流水质状况、河流水质类别划分说明、全省主要河流水质统计。

（一）山东省重点河流水质评价板块

绘制省控 59 条重点河流图（含齐鲁排海管线），并在河流相应位置处标注 91 个监测断面，每个监测断面反映不同河段的水质状况，将每条河流划分为几个不同的河段，每月根据 91 个断面的监测结果，判断每个河段实际水质类别，在图中以不同的颜色显示。浏览时，可以根据需要对水质评价图进行缩放、拖曳，当把鼠标置于河流上不同的河段时，系统会自动显示相应河段水质信息对话框。

（二）山东省主要河流水质状况板块

根据总量处每月征求意见定稿后的全省重点河流水质监测结果，对每个河段进行评价，判断水质类别，编制山东省主要河流水质状况一览表。当用鼠标单击表中某个断面的名称或水质类别时，该断面控制的相应河段就会在水质评价板块的图中闪烁。

（三）河流水质类别划分说明板块

对河流不同的水质类别及适用范围进行说明，为公众提供健康指引和生活参考。

（四）全省主要河流水质统计板块

对全省主要河流断面水质类别进行统计，绘制饼状图。可选择查看全省以及不同流域（小清河、淮河、海河、半岛）的统计图。

第七节　剔除上游因素

为进一步推动“以奖代补”考核办法的实施，较为准确地反映有关河段剔除上游水质影响因素后的水质，2007 年山东省制定了全省主要河流（段）剔除上游水质影响因素工作程序。

一、剔除公式

公式：$C_{剔除}=C_{出境}-(C_{衰减}-C_{出境})\times70\%$（以下简称“简易公式”）

$C_{剔除}$——剔除上游因素后水质浓度，mg/L；

$C_{出境}$——各市出境断面监测浓度，mg/L；

$C_{衰减}$——上游水污染物衰减后浓度，mg/L；

其中，$C_{衰减}=C_{上游入境参考断面监测浓度}\times\exp(-KL)$（以下简称“衰减公式”）

K——污染物每公里综合降解系数（表 7–1）；

L——考核河段长度，km。

表 7–1　全省部分河流（段）降解系数取值（秋季、冬季）

<table>
<tr><th rowspan="2">序号</th><th rowspan="2">考核河段</th><th colspan="2">秋季（9、10、11 月）</th><th colspan="2">冬季（12、1、2 月）</th></tr>
<tr><th>COD 每公里降解系数</th><th>氨氮每公里降解系数</th><th>COD 每公里降解系数</th><th>氨氮每公里降解系数</th></tr>
<tr><td>1</td><td>小清河邹平段</td><td rowspan="4">0.0089</td><td rowspan="4">0.0106</td><td rowspan="4">0.0062</td><td rowspan="4">0.0042</td></tr>
<tr><td>2</td><td>小清河淄博段</td></tr>
<tr><td>3</td><td>小清河博兴段</td></tr>
<tr><td>4</td><td>小清河东营段</td></tr>
</table>

续表

<table>
<tr><th rowspan="2">序号</th><th rowspan="2">考核河段</th><th colspan="2">秋季（9、10、11 月）</th><th colspan="2">冬季（12、1、2 月）</th></tr>
<tr><th>COD 每公里降解系数</th><th>氨氮每公里降解系数</th><th>COD 每公里降解系数</th><th>氨氮每公里降解系数</th></tr>
<tr><td>5</td><td>支脉河滨州段</td><td rowspan="3">0.0089</td><td rowspan="3">0.0106</td><td rowspan="3">0.0062</td><td rowspan="3">0.0042</td></tr>
<tr><td>6</td><td>支脉河东营段</td></tr>
<tr><td>7</td><td>杏花河</td></tr>
<tr><td>8</td><td>潍河潍坊段</td><td rowspan="9">0.0129</td><td rowspan="9">0.0849</td><td rowspan="9">0.0038</td><td rowspan="9">0.0167</td></tr>
<tr><td>9</td><td>大沽河青岛段</td></tr>
<tr><td>10</td><td>沭河临沂段</td></tr>
<tr><td>11</td><td>沂河临沂段</td></tr>
<tr><td>12</td><td>大汶河泰安段</td></tr>
<tr><td>13</td><td>韩庄运河枣庄段</td></tr>
<tr><td>14</td><td>洸府河济宁段</td></tr>
<tr><td>15</td><td>洙赵新河济宁段</td></tr>
<tr><td>16</td><td>东渔河济宁段</td></tr>
<tr><td>17</td><td>徒骇河聊城段</td><td rowspan="10">0.0046</td><td rowspan="10">0.0093</td><td rowspan="10">0.0011</td><td rowspan="10">0.0039</td></tr>
<tr><td>18</td><td>徒骇河德州段</td></tr>
<tr><td>19</td><td>徒骇河济南段</td></tr>
<tr><td>20</td><td>徒骇河滨州段</td></tr>
<tr><td>21</td><td>卫运河聊城段</td></tr>
<tr><td>22</td><td>南运河</td></tr>
<tr><td>23</td><td>漳卫新河</td></tr>
<tr><td>24</td><td>马颊河聊城段</td></tr>
<tr><td>25</td><td>马颊河德州段</td></tr>
<tr><td>26</td><td>德惠新河滨州段</td></tr>
</table>

二、注意事项

（一）不需剔除上游因素的情况

1. 当上游入境参考断面或下游考核断面 COD ≤ 20mg/L 时，则对下游考核断面 COD 监测值不进行上游水质影响因素剔除；当上游入境参考断面或下游考核断面氨氮≤ 1mg/L 时，则对下游考核断面氨氮监测值不进行上游水质影响因素剔除。

2. 当上游入境参考断面断流时，对下游考核断面不进行上游水质影响因素剔除。

3. 对于闸坝调控河流，当上游入境闸坝关闭时，下游市提供水利部门出具的闸坝关闭证明后，可不进行上游水质影响因素剔除；上游跨境闸坝非关闭期间，仍须进行上游水质影响因素剔除。

（二）计算过程具体数据调整办法

1. 对衰减公式

当计算得到的上游入境参考断面污染物衰减后浓度（$C_{衰减}$），COD<20mg/L 或氨氮 <1mg/L 时，其 COD、氨氮衰减后浓度值分别以 20mg/L 或 1mg/L 代入简易公式计算；当 COD ≥ 20mg/L 或氨氮≥ 1mg/L 时，则直接代入简易公式计算。

2. 对简易公式

当计算得到的考核断面污染物浓度，COD<20mg/L 或氨氮 <1mg/L 时，则 COD、氨氮浓度值分别以 20mg/L 或 1mg/L 计，作为最终剔除上游水质影响因素后水质。

三、计算实例

以小清河干流某轮次监测数据（表7–2）为例说明上游水质影响因素剔除的具体方法。小清河干流共设5个考核断面，分别为辛丰庄（考核济南）、唐口桥（考核滨州）、西闸（考核淄博）、范李村（考核滨州）、王道闸（考核东营）。辛丰庄断面为河流源头段断面，不进行上游水质影响因素剔除。

则唐口桥剔除上游水质影响因素后的水质为：$C_{剔除}=C_{出境}-(C_{衰减}-C_{出境})\times 70\%$；

$C_{出境}$——唐口桥断面监测浓度，mg/L；

$C_{衰减}$——辛丰庄断面监测浓度衰减至唐口桥时的浓度，mg/L；

其中，$C_{衰减}=C_{辛丰庄断面监测浓度}\times \exp(-KL_{辛丰庄至唐口桥河段长度})$，其他断面依此类推。

表7–2　小清河干流实例测算结果（2007年某月）

断面名称	监测浓度（mg/L）		降解系数		上游断面污染物衰减后水质（mg/L）		河段长度（km）	剔除上游因素水质（mg/L）	
	COD	氨氮	K_{COD}	$K_{氨氮}$	COD	氨氮		COD	氨氮
辛丰庄	41	14.9	—	—	—	—	—	41	14.9
唐口桥	26	10.7	0.0089	0.0106	27	9.2	45.14	25	11.7
西闸	48	13.9	0.0089	0.0106	21	8.4	23.2	67	17.8
范李村	52	12.3	0.0089	0.0106	39	10.7	24.41	61	13.4
王道闸	40	14.7	0.0089	0.0106	42	9.6	23.22	38	18.3

第八章　地表水水质自动监测系统有关问题及建议

一、监测指标方面

目前，地表水水质自动监测系统较为成熟的监测指标是常规五参数（水温、pH、溶解氧、电导率和浊度）、高锰酸盐指数、氨氮、总氮、总磷等9项，其中电导率和浊度不属于《地表水环境质量标准》（GB 3838—2002）中规定的监测指标，与地表水环境质量考核与评价工作实际需求差别较大。

建议进一步加大自动监测设备研发力度，提高地表水自动监测指标覆盖范围，稳定实现对地表水22项常规指标的自动监测，满足生态环境管理需要。在此基础上，紧跟时代前沿，积极研发重金属、VOCs、生物综合毒性等指标自动监测新技术，倡导环境监测“能自动尽自动”理念，提高环境监测的自动化和智能化水平。

二、监测方法方面

地表水自动监测指标的监测方法多为化学法，需要用到多种化学试剂，还需要加热、酸碱消解等多种操作，需要布置各种管路、安装使用各种泵和阀门等配件，流程较为烦琐，测定周期较长，增加了设备故障率，推高了运行维护成本。同时，现有方法监测频次多为1小时一次，无法实现真正意义的实时监测。

建议借鉴空气站监测模式，研发方便、快捷、实时测量的监测方法，研究提升现有 UV 法、电极法等快速测定方法的数据准确率，提高监测设备稳定性和可靠性，真正实现连续在线监测。

三、站房建设方面

地表水水质自动监测系统建设受基础条件、水文情况等因素影响较大。站房建设时，选址必须在河道附近，若距离较远，一是影响水样采集与输送，二是易引起样品性状的改变，导致监测结果失真。在河道内或河堤上建设时，与水利部门防洪等相关规定冲突，沟通协调难度较大；在河堤外建设时，或是占用耕地，或是占用城市绿化带，也需要与国土、园林等部门长时间沟通协调，成为影响水站建设进度的一项重要因素。

建议国家出台《生态环境监测条例》，确定环境自动监测站法律地位，明确当地人民政府有关职责，并借鉴气象、交通等部门相关做法，规范自动监测站建设、迁移和撤销等业务和管理工作，提升水站建设法制化、程序化、标准化水平。

四、运行维护方面

地表水水质自动监测系统能否长期稳定运行，数据是否准确可靠，运行维护是关键。目前影响水站运行维护质量的主要因素是运行经费保障和运行管理技术水平。部分地区水站建设经费等一次性投资相对容易申请，运行维护经费等长期性投入申请难度较大。运行维护技术层面，目前尚未摆脱人海、车轮战术，运行维护的自动化、智能化、专业化水平较低，质量保证和质量控制体系需进一步完善。

建议积极开展地表水水质自动监测第三方运营，采取政府购买服务的方式，保障设备有效运转，避免资源闲置；同时，要加强对运维人员的教育培训，提高人员技术水平，增强其环境保护意识和责任感、使命感，激发运维工作积极性和创造性。借助大数据、物联网、人工智能等手段，借鉴人工监测的成熟经验，完善运行维护软硬件设施，实现对现场情况、运维情况、设备状况等有效监控。

五、数据应用方面

山东省早期主要依据重点河流断面化学需氧量和氨氮 2 项指标考核评价，坚定不移依靠自动监测数据进行环境管理，一段时间内促进了全省水环境质量的持续改善。但随着污染物浓度的降低，用化学需氧量监测指标考核评价误差越来越大，且仅用 2 项指标考核评价难以满足经济高质量发展和人民群众对优美生态环境的新需要，山东省积极予以调整，探索采用自动和手工相结合的办法，以《地表水环境质量标准》（GB 3838—2002）22 项指标考核评价，其中规定已实行自动监测的指标不再重复手工监测，基本满足地表水环境质量考核与评价工作需要。之后，综合考虑地表水自动监测指标较少、多项监测指标统筹开展任务量增加有限等原因，山东省借鉴国家有关做法，采用地表水“采测分离”手工监测数据考核评价，地表水自动监测数据主要用于超标应急等其他环境管理工作，应用范围有所减小。

环境监测指标大都为条件参数，受反应条件的影响，不同条件下数值不尽相同。因此，自动监测与手工监测作为两个不同的监测体系，不必过分追求监测数据的完全一致性，应研究建立自动监测数据考核评价体系，统一自动监测考核评价尺度，不断强化自动监测数据应用，充分发挥自动监测及时、全天候等优势，推动环境监测体系和监测能力现代化，更好地为生态环境管理服务。

参考文献

1. 王丽伟、黄亮、郭正等：《水质自动监测站技术与应用指南》，黄河水利出版社 2008 年版。

2. 翟崇治、刘伟：《水质监测自动化与实践》，中国环境出版集团 2015 年版。

3. 邱晓国、赵亮、莫虹等：《山东省水质自动监测系统运行管理》，《环境监控与预警》2015 年第 7 期。

4. 耿炜、霍海燕：《河北省水质自动监测系统运行管理研究》，河北科学技术出版社 2016 年版。

5. 中国环境监测总站《地表水自动监测系统实用技术手册》编写组：《地表水自动监测系统实用技术手册》，中国环境出版集团 2018 年版。

6. 中国环境监测总站《地表水自动监测系统建设及运行技术要求》编写组：《地表水自动监测系统建设及运行技术要求》，中国环境出版集团 2018 年版。

7. 罗彬、张丹：《水质自动监测系统运行管理技术手册》，西南交通大学出版社 2019 年版。